Título original:

ELECTROMAGNETISMO PARA LOCALIZACIÓN DE INTERFERENCIAS Y MOTRICIDAD
(Aplicaciones didácticas para estudiantes de ingeniería)

Autor:
Roberto Cruz Capitaine (Kπ)
Coautores:
Jesús Antonio Camarillo Montero
Francisco Ricaño Herrera
Martha Edith Morales Martínez

Editor: Createspace Independent Pub; Edición: 1 (2017)

Disponible en:
https://www.createspace.com
https://www.amazon.com

Prohibida la reproducción total o parcial de esta obra.
DERECHOS RESERVADOS © 2017
Idioma: Español
ISBN-10: 197610078X
ISBN-13: 978-1976100789

Diseño de portada:
Roberto Cruz Capitaine

Prólogo

El presente material tiene como finalidad, acercar al estudiante o profesionista en el ramo, a que conozca el variado mundo del electromagnetismo para dirigir estudios específicos, incluso, ha sido redactado de una manera tal, que los no experimentados, con un poco de ayuda, podrán entender el contexto, puesto que de una forma práctica y didáctica, llevan al lector de la mano a entender este rubro de la Ingeniería.

Cabe destacar también, que conforme al estudio, se presentan a manera de imaginación, proyectos que se pueden materializar y puestos al alcance del público de un modo accesible; y algo muy importante también, es que la información referida aquí, es totalmente aplicada a través de ejemplos, convirtiéndose así el material un referente en sus aplicaciones y en sus posibles alcances.

Mtro. Andrés Guzmán Olmos

Acerca del autor.

Egresado de la Universidad Veracruzana, titulado en la carrera de Ingeniería Mecánica Eléctrica (Zona Xalapa), laboró para la Secretaría de Comunicaciones y transportes (SCT) a nivel federal, siendo su último puesto como inspector de Telecomunicaciones. Cuenta con posgrado en la Maestría en Docencia Universitaria (UX, "Universidad de Xalapa"), candidato en la Maestría en Economía y Negocios (ANAHUAC, Xalapa). Actualmente es catedrático de tiempo completo en la Facultad de Ingeniería Mecánica y Eléctrica de la Universidad Veracruzana, Zona Xalapa y Doctorante en Ingeniería (Instituto Universitario José Martí).

Acerca de los coautores

Mtro. Jesús Antonio Camarillo Montero, egresado de la Universidad Veracruzana, titulado en la carrera de Ingeniería Mecánica Eléctrica (Zona Xalapa), experiencia profesional en el ramo de eficiencia energética, cuenta con Maestría en Ingeniería Energética. Actualmente es catedrático de tiempo completo en la Facultad de Ingeniería Mecánica y Eléctrica de la Universidad Veracruzana, Zona Xalapa y Doctorante en Ingeniería (Instituto Universitario José Martí).

Mtro. Francisco Ricaño Herrera, egresado de la Universidad Veracruzana, titulado en la carrera de Ingeniería Mecánica Eléctrica (Zona Xalapa), experiencia profesional en el ramo de la educación, cuenta con Maestría en Educación. Actualmente es catedrático de tiempo completo en la Facultad de Ingeniería Mecánica y Eléctrica de la Universidad Veracruzana, Zona Xalapa y Doctorante en Ingeniería (Instituto Universitario José Martí).

Dra. Martha Edith Morales Martínez, egresada de la Universidad Veracruzana, titulado en la carrera de Ingeniería Mecánica Eléctrica (Zona Xalapa), experiencia profesional en la industria eléctrica. Actualmente es técnico académico de tiempo completo en la Facultad de Ingeniería Mecánica y Eléctrica de la UV.

Contenido

Prólogo iii
Índice de ilustraciones ix
Índice de tablas xi
Índice de ecuaciones. xi
Introducción 2
Capítulo I. Conceptos, definiciones y algo más. 6
Capítulo II. Electromagnetismo. 17
Capítulo III. Manejo de unidades para señales radioeléctricas. 29
Capítulo IV. Propagación de la onda electromagnética. ... 40
Capítulo V. Radiación de la onda electromagnética. 66
Capítulo VI. Radiogoniometría. 79
Capítulo VII. Electromagnetismo para la motricidad. 91
Anexo A. Análisis armónico. 104
Anexo B. Fórmulas adicionales para conversión a decibeles. 107
Anexo C. Parámetros de una línea de transmisión. 108
Bibliografía 110

Índice de ilustraciones

Ilustración 1. Separación gramática de la palabra electromagnetismo (fuente propia). 7
Ilustración 2. Campo magnético de dos imanes permanentes con limadura de hierro y pintura en aerosol (fuente propia). 12
Ilustración 3. Campo magnético de un electroimán 15
Ilustración 4. Separación del electromagnetismo 17
Ilustración 5. Esquema simple de comunicación unilateral (fuente propia). 21
Ilustración 6. Complemento de la ilustración 5 en su parte medios de transmisión (fuente propia). 22
Ilustración 7. Intensidad lumínica dada su distancia (fuente propia). 25
Ilustración 8. Elementos generales de fenómenos 26
Ilustración 9. Fotografía del analizador de espectro de una señal de TV analógica con ruido alto (fuente propia). 28
Ilustración 10. Conceptos de los decibeles (fuente propia). 31
Ilustración 11. Servicios y requerimientos técnicos para las diferentes bandas del espectro radioeléctrico (fuente propia). 45
Ilustración 12. Efecto de la onda electromagnética por difracción (fuente propia). 48
Ilustración 13. Clasificación de la onda electromagnética por característica física y aprovechamiento (fuente propia). 49
Ilustración 14. Tipos de reflexiones con base a la superficie (fuente propia). 53
Ilustración 15. Flujo de las cargas eléctricas por inducción de OEM polarizada (fuente propia). 55
Ilustración 16. Constitución física de un cable coaxial (fuente propia). 56
Ilustración 17. Esquema eléctrico de un cable coaxial. (Fuente propia). 57
Ilustración 18. Perdidas por propagación (fuente propia). 59
Ilustración 19. Ley de la inversa cuadrado en óptica (fuente propia). 61
Ilustración 20. Atenuación por absorción (fuente propia). 61
Ilustración 21. Fenómeno de las ondas electromagnéticas a través de un medio con alto grado de humedad relativa (fuente propia). 62

Ilustración 22. Esquema del efecto de reflexión por un obstáculo y vista de la distribución de las zonas de Fresnel (fuente propia). 65
Ilustración 23. Frentes de onda y vector poyting (fuente propia). ... 67
Ilustración 24. Estudio de los elementos básicos de una antena (fuente propia). 69
Ilustración 25. Corte transversal del patrón del dipolo elemental (fuente propia). 70
Ilustración 26. Patrón de radiación horizontal típico de una antena (fuente propia). 74
Ilustración 27. Dibujo de una torre (fuente propia). 75
Ilustración 28. Clasificación de antenas por direccionalidad (fuente propia). 76
Ilustración 29. Patrón de radiación vertical típico de 77
Ilustración 30. Comportamiento de una antena logarítmica desde el punto 78
Ilustración 31. Fotografía de un radiogoniómetro de la segunda guerra mundial. 80
Ilustración 32. Parte de mapa topográfico de la región de Coatepec, Ver. INEGI 83
Ilustración 33. Mapa topográfico del Municipio de San Rafael, Ver. (INEGI) 87
Ilustración 34. Marcaciones y trazos de los lugares preseleccionados. (Mapa INEGI, trazos: fuente propia). 89
Ilustración 35. Segundo cálculo del triángulo. (Mapa INEGI, trazos: fuente propia). 89
Ilustración 36. Localización de la fuente interferente. (Google maps, trazos: fuente propia). 90
Ilustración 37. Representación de los dominios y momentos magnéticos (fuente propia). 93
Ilustración 38. Imagen burda alusiva a un ejemplo de histéresis. 97
Ilustración 39. Ciclo de histéresis. 98
Ilustración 40. Radiación a través de un conductor (fuente propia). 99
Ilustración 41. Fases diferentes en un conductor polarizado (fuente propia). 99
Ilustración 42. Dirección de los momentos magnéticos en la pared de Bloch (fuente propia). 101

Índice de tablas

Tabla 1. Ecuaciones de Maxwell. 19
Tabla 2. Ejemplo de termopares (fuente propia). 23
Tabla 3. Rango de frecuencias del espectro radioeléctrico por la UIT. 44
Tabla 4. Tabla que relaciona marcaciones, intersecciones y triángulos. 84
Tabla 5. Datos relevantes en el procedimiento de radiogoniometría (fuente propia). 88

Índice de ecuaciones.

Ecuación 1. Corriente a partir de las diferenciales de carga entre tiempo. 9
Ecuación 2. Despeje e integración de la ecuación 1. 10
Ecuación 3. Despeje completado de la carga eléctrica. 10
Ecuación 4. Obtención de voltaje. 10
Ecuación 5. Obtención de potencia eléctrica. 10
Ecuación 6. Obtención de decibel en términos de potencia. 32
Ecuación 7. Obtención de decibel en términos de voltaje. 32
Ecuación 8. Obtención de dBm referido a mW. 33
Ecuación 9. Corrección de decibeles en medición. 37
Ecuación 10. Conversión de dBw a W y viceversa. 38
Ecuación 11. Longitud de onda electromagnética. 71
Ecuación 12. Ganancia de una antena. 73
Ecuación 13. Direccionalidad de una antena. 73
Ecuación 14. Ganancia en función de la direccionalidad. 74

A MI HERMOSA FAMILIA

Introducción

La tecnología definitivamente hoy en día, ha permitido que el conocimiento sea vasto y actualizado, en ello la mayor parte de los profesionistas y estudiantes corren el riesgo de perderse entre tanta información o no poder encontrar de primera mano la información requerida.

El presente libro sólo es una guía para estudiantes interesados por primera vez en el tópico de electromagnetismo. Es ligero, didáctico y pretende resaltar la importancia del tema en la vida diaria por sus diferentes usos donde se encuentre involucrada. Así también, somete al lector a un reto en el capítulo ocho, en el cual desafía la disciplina ingenieril y lo lleva a un análisis doctoral; la forma es simple: llevar de un tema complejo a la forma simple y elemental de las cosas. ¿Qué ocurre en los estudios de un doctorado?, una de tantas respuestas puede ser la investigación innovadora, aplicativa o la solución a un problema de índole técnico, socioeconómico o ambiental; en fin, puede ser muchas cosas; pero en general la tendencia es la particularidad a un problema, lo que las vuelve selectivas y complejas.

Las diferentes propuestas de aplicación del conocimiento, serán en forma escalonada y bajo un contexto de la vida real, donde la mayor parte de ellos estén sustentados en la vida profesional del relator, sobre todo en cuanto a propagación y radiación electromagnética se refiere, los de transformación de energía eléctrica a energía mecánica y viceversa, estarán revisados por los coautores. Ello no implica que el saber que se pretende difundir sea laborioso o altamente complejo, puesto lo que se persigue es la comprensión y aplicación del electromagnetismo de una manera simple y breve, pero no por ello aburrida o tediosa.

Si bien es cierto, que el tema infiere estar encaminado a ingeniería de campo o personas del área técnica en general, este no es restrictivo para interesados en el tema, aunque sus inclinaciones profesionales sean diferentes.

De igual forma este volumen coadyuvaría a aficionados en la radiocomunicación y estudiantes de las diferentes ramas de la ingeniería, al relacionar el contenido temático con ciertas experiencias educativas vistas en los primeros semestres de la carreras tales como: Física Moderna, Circuitos, entre otras tantas debido a la trascendencia del tema y basado en la estructura curricular de la Facultad de Ingeniería Mecánica y Eléctrica, de la Universidad Veracruzana donde emana este texto, sin olvidar que a veces las respuestas están en su forma simple y a la vista, y no, donde el estudio del arte se vuelve complicado y nos perdemos en la catarsis del conocimiento.

Capítulo I. Conceptos, definiciones y algo más.

El conocimiento concatenado de varios científicos contribuyó a lo que actualmente conocemos como electromagnetismo, entre los cuales podemos mencionar a Guillermo Gilbert, quien comenzó a estudiar dicho fenómenos desde una perspectiva pre-científica. Posterior a él, podemos mencionar Michael Faraday, Joseph Henry, James Clerk Maxwell, entre otros, quienes a partir de varios estudios y descubrimientos, llegaron a explicar el fenómeno del magnetismo y las propiedades de éste e incluso demostraron la estrecha relación que existe entre este fenómeno y la electricidad. Con ello nació el electromagnetismo, el cual tiene gran importancia ya que con sus aportaciones se han podido utilizar algunas propiedades en el desarrollo de diversas tecnologías que influyen en nuestra vida diaria y que el paso de tiempo puede mejorar el estilo de vida de la humanidad.

Por lo que al leer o escuchar la palabra electromagnetismo, nos sugiere gramaticalmente que se trata de una palabra compuesta y atinadamente se refiere a dos grandes temas dentro del estudio de la física que son: La electricidad y el magnetismo (Ilustración 1).

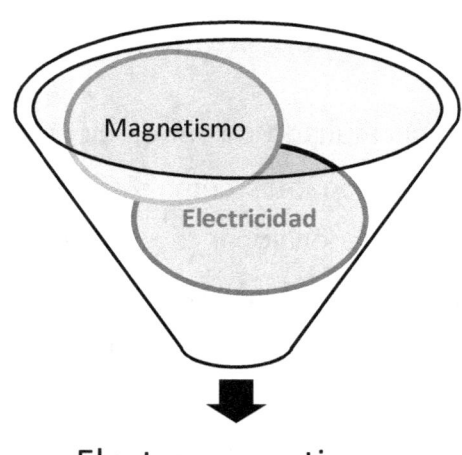

Ilustración 1. Separación gramática de la palabra electromagnetismo (fuente propia).

Hasta hoy todo apunta a que ambos fenómenos son inseparables, debido a la codependencia entre ambos; por ejemplo: dentro de las máquinas más comunes e indispensables de la industria eléctrica es el transformador, el cual su funcionamiento básico requiere de un flujo de corriente que enlazado a un núcleo de hierro genera un campo magnético, que en conjunto y por interacción con otro similar, se induce magnetismo resultando un cambio en la corriente y voltaje en su extremo opuesto. De igual manera en el envío de información a través del espacio, el campo eléctrico genera un campo magnético perpendicular a este y el campo magnético da origen a otro campo eléctrico y así sucesivamente, todo ello será aclarado en su momento.

El conocimiento relativo a la electricidad y el magnetismo tiene sus inicios en el esplendor de la cultura Griega, lo cual no se puede afirmar del todo de que ellos hayan sido los primeros en ocuparse de su estudio. Históricamente en diversas culturas se tienen indicios de descubrimientos asombrosos como el de la batería de Bagdad según data alrededor del año 225 D.C., o de las grandes pirámides de Egipto que más que monumentos mortuorios, eran grandes generadores de energía eléctrica según se puede disfrutar en el documental PYRAMID CODE (Carmen, 2009) en su episodio tecnología de alto nivel.

Si en verdad te interesa averiguar más acerca de la historia de la electricidad existe un documento en la red llamado: "Ensayo sobre la electricidad de los cuerpos" escrito en idioma francés por Mons. El abate Nolle; traducido en castellano por D. Joseph Vazquez y Morales; añadida la historia de la electricidad (1700 – 1770). Madrid en la imprenta Mercurio 1747. Fondo antiguo universidad de granada.

La electricidad no es más que el flujo de electrones a través de un medio conductible, que increíblemente aquellos materiales que experimentan una excelente conductividad eléctrica, también son excelentes disipadores de calor, pero irremediablemente nada magnéticos, es decir; que por ejemplo el hierro que es un material por excelencia magnético tiene propiedades pobres en la conducción de la electricidad. Ahora, el empuje o fuerza de los electrones a través de un medio, es debido a la carga que poseen las partículas subatómicas, y el cúmulo de estas se le conoce comunmente como voltaje (diferencia de potencial), y la cantidad de electrones a través de un conductor se le llama corriente.

Si la intención es ahondar más en los términos mencionados, el sistema de unidades establece que:

> Carga (q) es una propiedad eléctrica de las partículas atómicas de las que se compone la materia medida en Coulombs.

$q_{electrón}$ = -1.602E^{-19} C

$$1C = \frac{1}{1.602^{-19}} = 6.242^{18} \; electrones$$

> Corriente eléctrica: Es la velocidad del cambio de carga respecto al tiempo medido en Amperes.

$$i = \frac{dq}{dt} \; \frac{C}{s} \; (A)$$

Ecuación 1. Corriente a partir de las diferenciales de carga entre tiempo.

$$\int dq = \int i\,dt$$
Ecuación 2. Despeje e integración de la ecuación 1.

$$q = \int i\,dt$$
Ecuación 3. Despeje completado de la carga eléctrica.

- Tensión (diferencia potencial): Es la energía requerida para mover una carga unitaria a través de un elemento medida en volts.

$$V_{ab} = \frac{dw}{dq} = \frac{Energía}{Carga} = \frac{J}{C} = \frac{N*m}{C} \quad J = Joule \quad C = Coulomb$$
Ecuación 4. Obtención de voltaje.

- Potencia es la variación del tiempo de gasto o absorción de energía:

$$P = \frac{dw}{dt} = \frac{J}{s} = W$$
Ecuación 5. Obtención de potencia eléctrica.

Lo relativo al magnetismo, su descubrimiento históricamente comenzó con la piedra imán (hoy conocida como magnetita), así como sus propiedades, en un inicio estuvo rodeada de creencias mágicas o de hechicería, posteriormente con las investigaciones y aportaciones, se ha podido explicar su comportamiento y reacciones de dicho fenómeno y utilizar sus propiedades para el desarrollo de diversas tecnologías y avances en varios campos de la ciencia aplicada por ejemplo: la ingeniería, la medicina, el trasporte, por mencionar algunos.

"Se le conoce como piedra imán, al mineral que hoy recibe el nombre de magnetita, el cual está compuesto por hierro y oxígeno (Fe_3O_4), por lo que se trata de un óxido de hierro. Es el material más magnético que existe en la Tierra de forma natural. Se caracterizan por su propiedad de atraer algunos metales como el cobalto, el níquel, y especialmente el hierro" (Marquina, 2006).

Particularmente hoy en día el fenómeno de magnetismo sigue llamando la atención tal y cual en la antigüedad sucedió como observamos en la ilustración 2, en la cual observamos la influencia de campo magnético entre dos imanes permanentes. Las propiedades de este material según los historiadores datan de la antigua ciudad griega llamada Magnesia, donde se presume la abundancia de la piedra imán.

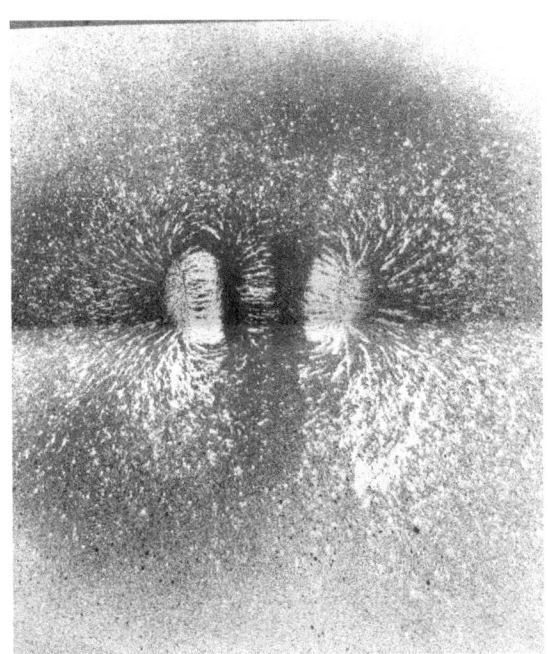

Ilustración 2. Campo magnético de dos imanes permanentes con limadura de hierro y pintura en aerosol (fuente propia).

En cuanto al termino Magnetismo (Barandiarán, 2003), en su libro establece que su raíz es *magnes-magnetes* que significa imán en latín y que, al igual que electricidad (electrón significa ámbar en griego), proviene a su vez del griego por referencia a Magnesia, zona de Asia central donde abunda la magnetita.

El magnetismo es un fenómeno conocido desde la más remota antigüedad. Tales de Mileto describe el fenómeno de la atracción magnética en el siglo VII antes de Cristo. Hay menciones chinas e hindúes anteriores en las que los imanes reciben nombres como chum-buk o piedra que besa, y otros que describen vivamente el efecto atractivo (Barandiarán, 2003).

Hoy en la actualidad desde la infancia se sabe que un imán se caracteriza por tener dos áreas llamados polos, en los cuales se manifiestan con más intensidad los fenómenos magnéticos, y otra zona llamada línea neutra, que no manifiesta acción magnética alguna y que si se divide, los segmentos aislados vuelven a generar sus dos polos con su zona neutral, al fin y acabo equilibrio de la naturaleza. El estudio del magnetismo se desarrolló de manera independiente al de la electricidad hasta que, a inicios del siglo XIX, empezaron a observarse ciertas relaciones entre las corrientes eléctricas y los fenómenos magnéticos que dieron origen a una rama de la Física, el electromagnetismo. Este estudia las acciones recíprocas de las corrientes eléctricas y de los imanes (Jaramillo, 2004).

En la historia del magnetismo Guillermo Gilbert, es conocido como el padre del geomagnetismo según cita Barandiarán en 2003, quién fue médico de la Reina Isabel I de Inglaterra y filósofo natural. Su obra más importante está relacionada al estudio del magnetismo y fue publicada en 1600, el primer tratado de magnetismo con el que nace, además la visión científica moderna, o simplemente científica, de la naturaleza, bajo el título: De Magnete, Magneticisque Corporibus, et de Magno Magnete Tellure, *Physiologia nova, plurimis argumentis et experimentis demonstrata*", establece la necesidad de experimentación y de lógica en la deducción de las leyes que rigen los fenómenos físicos (especialmente eléctricos y magnéticos).

A principios del siglo XIX, cuando se empezó a investigar la influencia que tenía la electricidad sobre una aguja magnética, el físico danés Hans Christian Oersted (1777-1851), estaba buscando la interrelación entre una corriente eléctrica y una aguja magnética. No fue sino hasta 1819, y por accidente, cuando notó que la aguja magnética se movía cuando pasaba corriente por un alambre paralelo a la misma (Tagüena & Martina, s.f.).

En 1831, Michael Faraday (1791-1867) descubrió la inducción electromagnética. En sus propias palabras: "... *se describieron y definieron ciertas líneas alrededor de una barra imán y se reconocieron como descripción precisa de la naturaleza, condición, dirección e intensidad de la fuerza en cualquier región dada, dentro y fuera de la barra. Esta vez las líneas se consideraron en abstracto. Sin apartarse en nada de lo dicho, ahora emprenderemos la investigación de la posible y probable existencia física de tales líneas...*" y concluye diciendo: "*la cantidad de electricidad que se vuelve corriente es proporcional al número de líneas de fuerza interceptadas*" (Tagüena & Martina, s.f.). Para este lenguaje un tanto sofisticado, bien puede tipificarse como se muestra en la ilustración 3, en la cual se representan la influencia magnética de un electroimán con las limaduras de hierro.

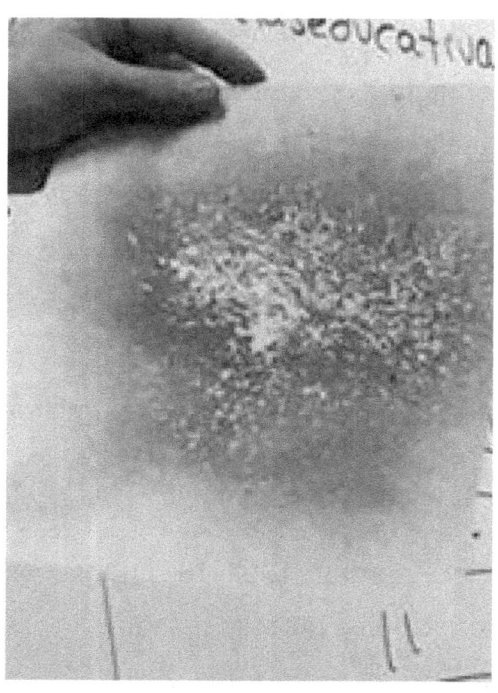

Ilustración 3. Campo magnético de un electroimán
con limadura de hierro y pintura en aerosol (fuente propia).

Hoy en día las aplicaciones del magnetismo se han extendido a una gran serie de campos científicos y técnicos, los cuales tienen un gran potencial de desarrollo entre las que podemos encontrar:

- Transportes colectivos e individuales de bajo consumo, sustentados por levitación magnética.

- Sistemas de reconocimiento a distancia que nos dan el contenido del carro de la compra y su valor.

- Ordenadores cuánticos y sistemas de almacenamiento de memoria, que nos permiten transportar información cada vez más ilimitada.

- Reconocimientos médicos sin ningún riesgo adicional.

- Medicinas, que unidas a pequeñas partículas magnéticas, puedan ser guiadas por el interior del cuerpo mediante campos externos hasta el punto exacto donde deben surtir efecto.

Capítulo II. Electromagnetismo.

Diversas lecturas realizadas referidas al electromagnetismo, se enfatizan conforme al campo de investigación de los autores, para este caso dada la experiencia profesional en telecomunicaciones y académico en el entorno de la ingeniería mecánica y eléctrica, determinamos una subdivisión pertinente y propia para el desarrollo y comprensión de este texto, tal y como señalamos en la ilustración 4.

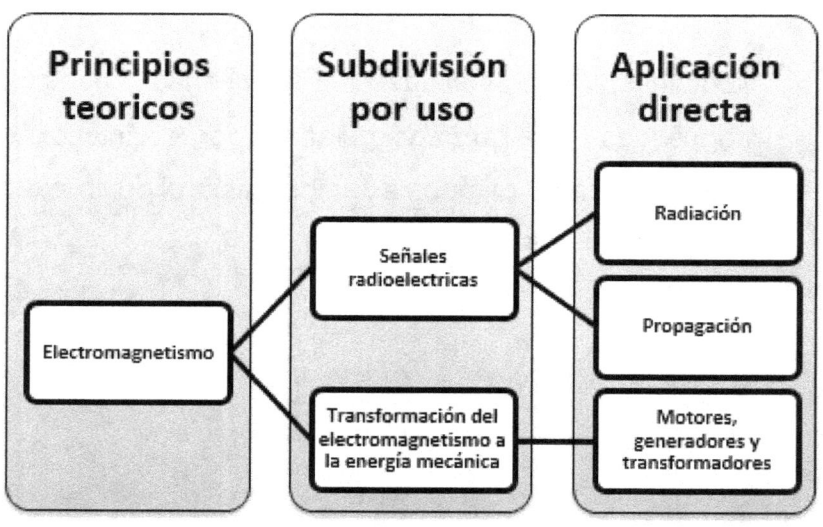

Ilustración 4. Separación del electromagnetismo para su estudio (fuente propia).

El planteamiento señalado nos orilla en primer término, a ver el electromagnetismo como el sustento de que toda señal de radiocomunicación (comunicaciones inalámbricas: televisión, radio, telefonía, entre otras) existente sea capaz de mantener información, "técnicamente un mensaje", el cual está asociado precisamente a la teoría desarrollada por Maxwell, donde a partir de un campo eléctrico se genera un magnético y así recíprocamente, y para explicar la expansión de la Onda Electromagnética (OEM) existen refuerzos teóricos a lo que llamamos coloquialmente como frente de onda. Sin embargo Maxwell no fue el único en haber planteado su teoría de la nada, sino que en el telar de la historia y el conocimiento, entreteje la individualidad de cada hilo en una preciosa tela, así diversos personajes de la historia realizaron varias aportaciones y así nació la ciencia a la que actualmente denominamos electromagnetismo. Narra (Tagüena & Martina, s.f.), en su libro" De la brújula al espín. Magnetismo, que James Clerk Maxwell (1831-1879), fue quien amalgamó las ideas de sus antecesores a un lenguaje matemático preciso en cuatro ecuaciones (tabla 1) que resumen todas las investigaciones hechas por sus predecesores y que han servido como base a todo el desarrollo tecnológico en este campo.

Tabla 1. Ecuaciones de Maxwell.
http://bloggeros5b.blogspot.mx/2013/01/ecuaciones-de-maxwell.html

Nombre	Forma diferencial	Forma integral
Ley de Gauss	$\nabla \cdot \vec{D} = \rho$	$\oint_S \vec{D} \cdot d\vec{A} = \int_V \rho dV$
Ley de Gauss para el campo magnético (ausencia de monopolos magnéticos)	$\nabla \cdot \vec{B} = 0$	$\oint_S \vec{B} \cdot d\vec{A} = 0$
Ley de Faraday	$\nabla \times \vec{E} = -\dfrac{\partial \vec{B}}{\partial t}$	$\oint_C \vec{E} \cdot d\vec{l} = -\dfrac{d}{dt}\int_S \vec{B} \cdot d\vec{A}$
Ley de Ampere generalizada	$\nabla \times \vec{H} = \vec{J} + \dfrac{\partial \vec{D}}{\partial t}$	$\oint_C \vec{H} \cdot d\vec{l} = \int_S \vec{J} \cdot d\vec{A} + \dfrac{d}{dt}\int_S \vec{D} \cdot d\vec{A}$

$\vec{E}$ - Campo eléctrico existente en el espacio, creado por las cargas
$\vec{D}$ - Campo dieléctrico que resume los efectos eléctricos de la materia
$\vec{B}$ - Campo magnético existente en el espacio, creado por las corrientes
$\vec{H}$ - Campo magnético que resume los efectos magnéticos de la materia
ρ - Densidad de cargas existentes en el espacio
$\vec{J}$ - Densidad de corriente, mide el flujo de cargas por unidad de tiempo

Esto permitió a Maxwell enunciar su Teoría Electromagnética que es considerada como una de las mejores construcciones conceptuales de la física clásica. "Con el desarrollo de la teoría cuántica en este siglo aparecen las teorías microscópicas que explican las propiedades de los materiales magnéticos, siendo en la actualidad el magnetismo un área de la física de intensa investigación" (Castaño, 2008).

Anteriormente se había comentado a la OEM como pilar de dentro del ámbito de las comunicaciones, las cuales con sus grandes avances tecnológicos, eficiencia y rapidez, han capturado la atención de todo nuestro entorno, llegando a olvidar que en un principio el precursor de todo ello fue el telégrafo, posterior a éste, el teléfono y así sucesivamente hasta llegar a la era satelital. De todo ello se hace necesario saber y entender todo lo que involucra el manejo masivo de la información para diferentes tipos y clases de señales. Para manejar todo esto, será necesario el uso de seis conceptos básicos, los cuales se irán viendo a lo largo del texto y que aparentemente no son importantes, sin embargo, son la parte medular de cualquier medio de comunicación, logrando con ellos una eficiencia en el manejo de ancho de banda disponible y sin pérdidas de información derivadas de la atenuación o pérdida e inclusive por interferencias; estos seis conceptos son los siguientes:

1.- Frecuencia
2.- Polarización
3.- Procesos Analógicos
4.- Procesos Digitales
5.- Modulación
6.- Medios de Transmisión

Para poder adentrarnos más en la perspectiva de este tema, se hará un modelo esquemático básico de un sistema de comunicación (Ilustración 5), en el cual se empezará a discernir ciertos elementos básicos e imprescindibles. Es trascendente informar que las abreviaturas Tx y Rx significan transmisión o transmisor y receptor o recepción respectivamente.

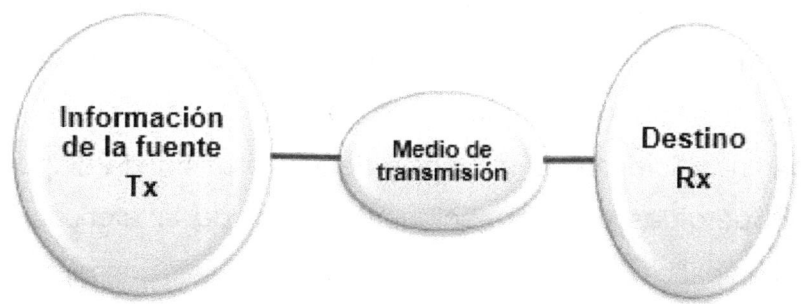

Ilustración 5. Esquema simple de comunicación unilateral (fuente propia).

La manifestación física de la transmisión de la información, la observamos en la ilustración 6, la cual hace referencia a los diferentes medios de transmisión dentro de un sistema de comunicación.

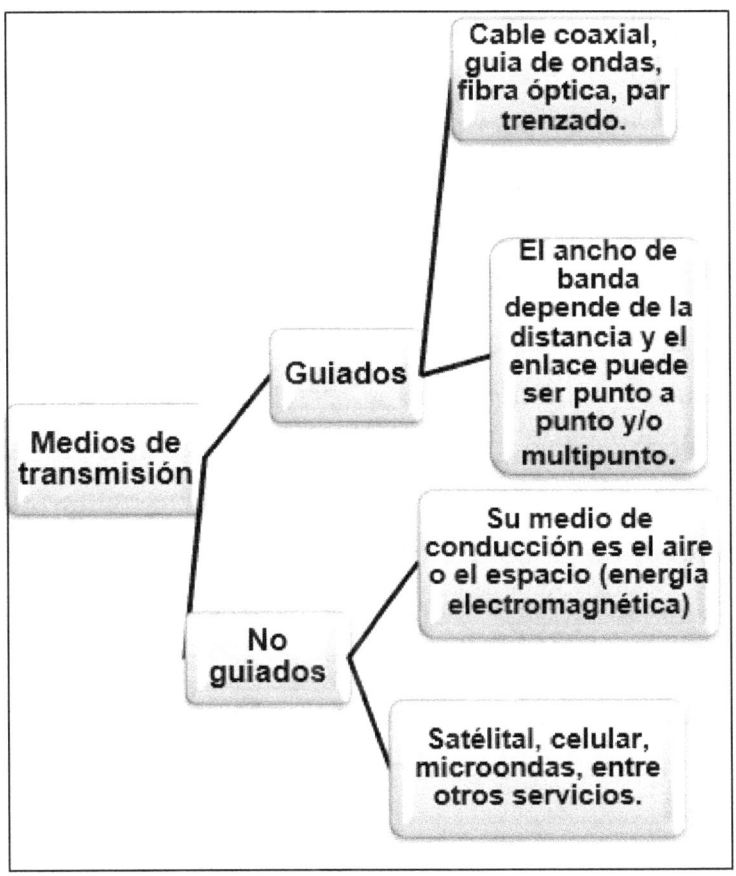

Ilustración 6. Complemento de la ilustración 5 en su parte medios de transmisión (fuente propia).

Existen diferentes clases de fuentes de información, incluso hombre-máquina, de ello que los mensajes aparecen de muchas formas: desde una intensidad lumínica combinada con algún color, secuencia de tonos o pulsos eléctricos, entre otros tantos, todos ellos se les denomina código.

Sea cual fuere el mensaje, el objetivo de un sistema de comunicación es proporcionar una réplica aceptable de él a su destino, como regla se establece que un mensaje producido por una fuente no es eléctrico y por lo tanto es necesario un transductor de energía.

Los transductores constituyen la interfaz entre el mundo que se percibe y el ámbito de la electrónica dentro del dominio eléctrico (voltaje o corriente), es decir; este transductor convierte el mensaje en una señal con una magnitud eléctrica variable y de forma análoga al destino de dicho mensaje existe otro transductor que convierte la señal eléctrica de salida a una forma apropiada. Recordando que las señales analógicas son de carácter continuo, en tanto que las señales digitales solo pueden tomar valores discretos.

En la tabla 2, se muestran algunos transductores para ejemplificar lo arriba descrito.

Tabla 2. Ejemplo de termopares (fuente propia).

Dispositivo	Transducción
Termopar	Temperatura-Voltaje
Cristal piezoeléctrico	Presión-Voltaje
Foto celda	Luz-Corriente

Retomando los aspectos genéricos de un sistema de comunicación y omitiendo los transductores, hay tres partes esenciales con su función característica y son: transmisor, canal de transmisión y receptor.

El transmisor manipula el mensaje al canal en forma de señal (analógica y/o digital), donde se llevan a cabo varias operaciones de procesamiento, de las cuales la más importante es la modulación (manipulación de una frecuencia o señal portadora "análisis armónico, anexo A", en sus propiedades o características).

El medio o canal de transmisión es el enlace entre el transmisor (Tx) y el receptor (Rx), todos los medios de transmisión se caracterizan por la atenuación, la disminución progresiva de la señal conforme aumenta la distancia, dicha pérdida puede ser pequeña o muy grande, por lo que no puede ser omitida en un estudio serio. Un ejemplo de ello (ilustración 7), puede ser un foco con una equivalencia de 60 watts de potencia, si estamos a 3 metros de distancia de este, la luz será lo bastante buena, pero si nos movemos alrededor de 100 metros solo podemos distinguir una tenue luz de esa luminaria y que decir a un kilómetro.

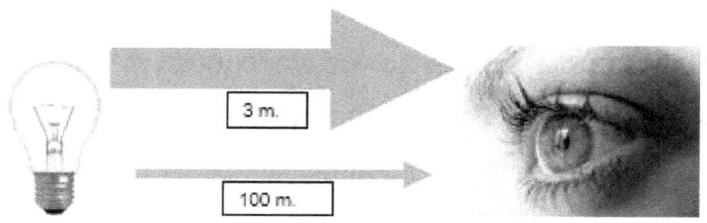

Ilustración 7. Intensidad lumínica dada su distancia (fuente propia).

El receptor (Rx), tiene la función de recuperar la información necesaria a través de varias etapas de amplificación y efectuando el proceso inverso de modulación (demodulación), para que sea compresible a su destino último.

Durante el proceso de transmisión de la señal ocurren ciertos efectos no deseados, los cuales se manifiestan como alteraciones de la forma, resultando difícil diferenciar su origen o tipo, dentro de este último existen técnicamente cuatro efectos no deseados que son: atenuación (comentado con anterioridad), distorsión, interferencia y ruido (ilustración 8).

En el trabajo de campo y en forma general, a casi todo elemento indeseable dentro del proceso de comunicación se le llama ruido, salvo que esté bien definido el fenómeno que impide el buen desarrollo del proceso. Uno de tantos problemas existentes en el incremento del ruido, es la cercanía a torres de conducción de energía eléctrica de media (1 a 35 kV) y alta tensión (mayor a 220 kV), las afectaciones del ruido sobre el medio de transmisión dependen si el medio es físico o al espacio libre; debido a que en una fibra óptica el ruido existente es imperceptible, en tanto que en un coaxial puede ser alto e inconveniente, en lo referente al espacio libre, dependerá de la potencia y frecuencia que se esté usando para enviar la información y cuestiones propias de la naturaleza como el clima, si es de día o de noche, entre otras. Se ha determinado que el ruido no es eliminable debido a que es uno de los problemas básicos de la comunicación eléctrica.

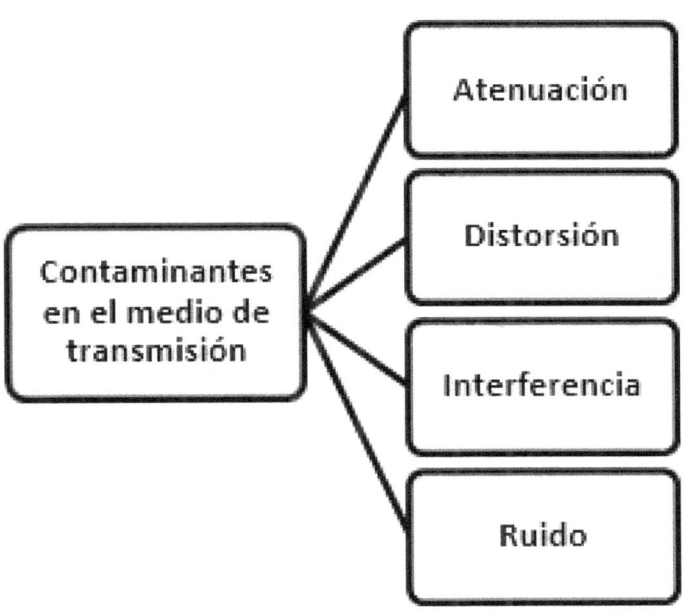

Ilustración 8. Elementos generales de fenómenos
no deseados en el medio de transmisión (fuente propia).

La distorsión, es la alteración de la señal debido a sus propias imperfecciones. La tecnología de hoy en día ha logrado disminuir sustancialmente dichas alteraciones, con la ayuda en la instalación de filtros y circuitos integrados, pero, está solo logra desaparecer cuando la señal deja de aplicarse. Para explicarlo mejor: cuando un foco incandescente se enciende trae consigo la luz, que sería nuestro objetivo primario, pero con ello trae radiación térmica, la cual para los fines que se persiguen no es deseable, y ésta, desaparecerá cuando se desenergize el foco.

La interferencia es la afectación del sistema de comunicación por señales extrañas. La mayor parte de estas son generadas por el mismo hombre con otros sistemas similares, cuando por ejemplo conduciendo un automóvil por una carretera y está escuchando la radio y de repente oye simultáneamente dos estaciones en la misma frecuencia, o también cuando está disfrutando de un rato de esparcimiento viendo la televisión abierta y percibe la plática de un radio taxi que está pasando al frente de su casa; la solución a éste problema es sencilla y consiste en la eliminación de alguna de la fuentes emisoras.

La siguiente figura, muestra el ruido electromagnético en combinación con una señal analógica de televisión abierta antes de su digitalización.

Las afectaciones de ondas electromagnéticas por el ruido, en el mayor número de casos resulta perjudicial y difícil de eliminar, hoy en día el ruido puede ocasionar estragos a pesar del encriptamiento de información con el que se manejan las señales. La señal de televisión analógica contaba con tres portadoras básicas: video, color y audio.

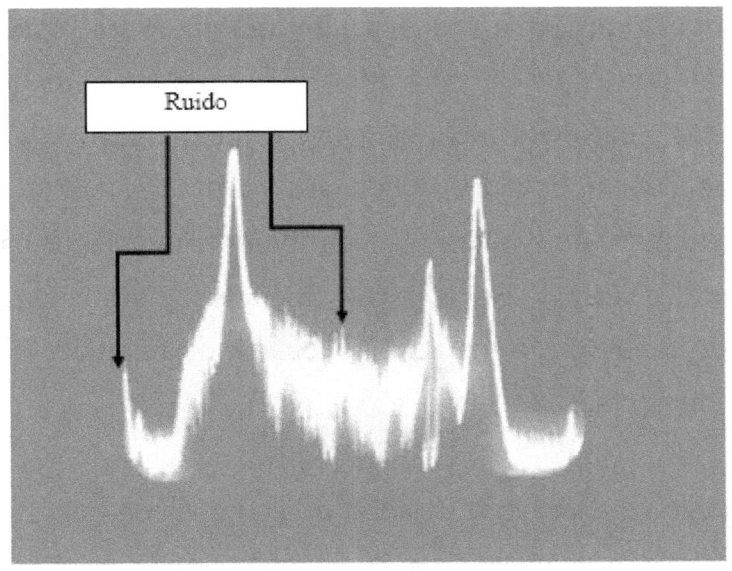

Ilustración 9. Fotografía del analizador de espectro de una señal de TV analógica con ruido alto (fuente propia).

Capítulo III. Manejo de unidades para señales radioeléctricas.

El manejo de unidades es de vital importancia para saber cómo referirnos a fenómenos físicos o elementos de la vida cotidiana, y con el acompañamiento de un número, adquiere una dimensión de lo que se está estudiando.

Para entender mejor lo referente al uso de las unidades, imaginemos la siguiente escena: un joven ingeniero se incorpora a trabajar a una estación radiomonitora, está tenía como fin dos objetivos primordiales: uno, comprobar que las diferentes emisiones radioeléctricas (radiodifusión, televisión, radio telefónico privado, banda civil, telefonía celular, entre otras), estuvieran dentro de los parámetros técnicos que marcaba la Ley y Reglamento de Telecomunicaciones, el segundo objetivo era mantener el espectro radioeléctrico libre de interferencias.

La estación radiomotora contaba en su haber de analizadores de espectro, demoduladores, y antenas varias para diferentes servicios y bandas; pues bien, en su primer día de trabajo la monitora opera silenciosamente, salvo el ruido característico que hacen los equipos de su sistema de enfriamiento, al frente una computadora con software específico, era el apoyo de observación, fuera de esto, todo era silencio.

Junto al rack de equipos colgaban unos audífonos, en ello se abre la puerta y pregunta el encargado de la estación radiomonitora al joven ingeniero, qué a cuantos decibeles se encontraba la frecuencia en observación puesta tanto en el analizador como en el demodulador, inocentemente el ingeniero toma los auriculares y muy quitado de la pena contesta a cero.

El jefe frunce el gesto y en tono irónico pregunta ¿cero?, no es posible, y el joven contesta, es que no se escucha nada; válgame que carcajada soltó el jefe de la monitora, y responde "no estoy hablando de decibeles acústicos sino de potencia".

¡Qué chasco se llevó el joven ingeniero!, pero en ello hay un aprendizaje, siempre y antes de cualquier lugar donde se vaya a trabajar por primera vez, se tiene que investigar y estudiar lo más posible de lo que se hace y es.

Y es precisamente que este capítulo trata de los decibeles, unidad de medición en términos de potencia para emisiones radioeléctrica al espacio, y también para dispositivos eléctricos, como por ejemplo: en un amplificador de audio, las unidades de amplificación o incremento de potencia están dadas en decibeles.

Justificando que el rango de presiones sonoras que percibe el ser humano es extenso, para la medición de la intensidad se utiliza el concepto de Niveles de Presión Sonora (NPS), el cual se expresa en decibeles (dB).

Existen varias unidades que se manejan en la práctica de la medición de una señal radioeléctrica o equipo (Ilustración 10), éstas son de carácter logarítmico que expresan la relación que guardan entre sí dos cantidades eléctricas, por lo general entre la entrada y salida de un circuito.

Ilustración 10. Conceptos de los decibeles (fuente propia).

El db nos expresa la relación que guardan entre si dos cantidades eléctricas, es decir la entrada y salida de un dispositivo o circuito, si el valor del dB es positivo, decimos que tenemos una ganancia, caso contrario si es negativo se dice entonces que fue una pérdida.

$$dB = 10\log\left(\frac{Potencia\ de\ salida}{Potencia\ de\ entrada}\right)$$

Ecuación 6. Obtención de decibel en términos de potencia.

$$dB = 10\log\left(\frac{Voltaje\ de\ salida}{Voltaje\ de\ entrada}\right)$$

Ecuación 7. Obtención de decibel en términos de voltaje.

Ejemplo: Si un equipo a su salida es medido 10 w, sabiendo que su entrada fue 3.5 w, ¿Cuáles es su relación en decibeles del dispositivo?

$$dB = 10\log\left(\frac{10}{3.5}\right) \quad dB= 4.559\ \text{(implica una ganancia)}$$

Ejemplo: Un regulador de voltaje presenta un falla y para saber si opera como amplificador, el ingeniero toma los valores de entrada y salida, el primero tiene un valor 9 volts y la salida de 1.25 volts. ¿Cuáles es la relación en decibeles del regulador?

$$dB=10\log\left(\frac{1.25}{9}\right) \quad dB= -8.573\ \text{(implica una pérdida)}$$

La Unidad de dBm es la más utilizada en el ámbito de la radiocomunicación, normalmente es de uso común, el hecho de trabajar con logaritmos facilita las operaciones ya que solo las operaciones básicas son de suma y resta, y es una medición de potencia absoluta.

$$dBm = 10 log \left(\frac{Potencia\ de\ salida\ "P1"}{Potencia\ de\ entrada\ "P2"}\right)$$ donde P$_2$=1mW y P$_1$ en mW

Ecuación 8. Obtención de dBm referido a mW.

Ejemplo: Un nivel de potencia de 35mw equivale a:

$$dBm = 10 log \left(\frac{35}{1}\right)$$ dBm=15.44   Por lo tanto 35mw equivale a 15.44 dBm

Es importante mencionar que existen más unidades de tipo logarítmico (anexo B) que se utilizan en las telecomunicaciones y coadyuvan en la conversión de estas.

La mayor parte de los instrumentos que miden niveles de dB son voltímetros calibrados en dBm, en virtud de ser una medida para mantener la relación $p = \frac{V^2}{R}$, donde p es potencia en watts, V es voltaje y R es resistencias, pero para nuestro caso es impedancia.

Antes de proseguir, es meritorio aclarar el término de impedancia, que es la medida de la oposición al flujo de la corriente eléctrica en un circuito de corriente alterna. Es una función de la capacitancia, la resistencia y la inductancia: es la combinación de resistencias más reactancias (medida de resistencia en capacitores o bobinas) capacitivas y/o inductivas. El desajuste de la impedancia, en equipos, líneas de transmisión o cables, puede conducir a la distorsión de la señal o disminución de la eficiencia eléctrica. El uso de álgebra de los números complejos, es una herramienta matemática útil para el manejo de la impedancia resaltando su mayor uso en la obtención de soluciones en circuitos eléctricos, líneas de transmisión, acoplamientos y balanceos de línea; los números complejos constan de una parte real y de una parte imaginaria.

Así mismo, es prudente explicar un poco los siguientes términos debido a la relación fenomenológica que guardan al concepto de impedancia, y estos son:

- Inductancia. Propiedad de un circuito eléctrico que se opone a cualquier cambio en la cantidad de flujo de corriente dentro del circuito. Es análoga a la inercia en la mecánica, y es a veces llamada inercia electromagnética.

➢ Capacitancia. Propiedad de un circuito que le permite almacenar una carga eléctrica. En los cables coaxiales determina la capacidad de llevar una señal sin distorsión, que es el "redondeo" de una forma de onda debido a una carga almacenada entre los conductores del cable. Un cable de alta calidad tiene baja capacitancia, siendo mayor la distancia que una señal pueda viajar antes que la distorsión se vuelva inaceptable. Mientras que el cable puede tener una baja impedancia característica por metro, su capacitancia general aumenta cuando el cable se vuelve muy largo, que es cuando se vuelve necesaria alguna amplificación o regeneración de la señal.

➢ Atenuación. Decremento en la intensidad de la señal, que ocurre cuando la señal viaja por un circuito o a lo largo de un cable. Entre más largo es el cable, mayor es la atenuación. Además, a mayor frecuencia de la señal, mayor es la atenuación también. Diferentes tipos de cable están sometidos a diferentes cantidades de atenuación. La atenuación se mide en decibeles (dB) de pérdida de señal. La calidad de la señal es afectada principalmente por la combinación de atenuación y capacitancia.

Permitividad. Es la capacidad de almacenamiento de energía electrostática que posee un medio.

$$\varepsilon = \text{permitividad (F/m)}$$

Permeabilidad. Es la superioridad de un material sobre el vacío como paso para las líneas magnéticas de fuerza.

$$\mu = \text{permeabilidad (H/m)}$$

Una recomendación, invariablemente no es requerimiento la memorización de tanto concepto, lo que se sugiere es la asociación de las unidades con su fenómenos físicos, y en ello se describe a lo que se está haciendo referencia, por ejemplo: μ = permeabilidad (H/m), si observamos la "H" es de Henrio, esta unidad la podemos asociar a campos magnéticos por cambio de corriente, mientras que "m" son metros y es una medida de longitud, por lo tanto podemos determinar que la permeabilidad es la capacidad de un medio de magnetización por cada sección de longitud.

Continuando con los dB_m la mayoría de los medidores están calibrados con valores de impedancia de 600 ohms, 50 ohms y 75 ohms, para mayor confiabilidad de las impedancias del equipo, lo mejor es consultar las características técnicas de este, si una medición es hecha a otra impedancia diferente a la de calibración, la medición será errónea y por ende será aplicado un factor de corrección tal y cual lo veremos a continuación:

$$dBm(corregido) = dBm(indicado) + 10log\left(\frac{Impedancia\ del\ medidor}{Impedancia\ del\ circuito}\right)$$

Ecuación 9. Corrección de decibeles en medición.

Ejemplo: Una lectura de 5 dB$_m$ tomada de un medidor de 600 Ω a un circuito de 400 Ω, implicará una corrección de:

$$db_m = 5+10log\left(\frac{600}{400}\right) \qquad dB_m\ corregido = 6.761$$

Recordando y haciendo alusión a la ilustración 11, el uso de dBw generalmente es para equipo robusto, es decir; transmisores o equipos de gran capacidad de potencia, esto trae a colación un día en clase, donde precisamente rescatábamos la importancia del manejo de unidades. Resulta que dentro de la charla, les propuse que todo ingeniero debe tener un conocimiento de las diferentes unidades existentes y se citó un ejemplo: Supongan ustedes que son unos fanáticos de los equipos de sonido para automóviles, fueron a la tienda de su conveniencia y compraron un amplificador de 5 dBw, están contentos, por el hecho de haber comprado un portentoso equipo, ¿En realidad compraron un súper equipo?

La respuesta fue completamente vacilante, lo cierto que por lo menos en ese grupo no existía una buena asociación de los dBw y los watts, acostumbrados ellos a siempre a trabajar en watt. Para dar respuesta primero veremos las formulas respectivas.

$dBw = 10 log\left(\frac{P1}{P2}\right)$ donde P2 = 1 watt; p1 esta en watts, por lo tanto:

$$dBw = 10 log(W) \qquad W = log^{-1}\left(\frac{dBw}{10}\right)$$

Ecuación 10. Conversión de dBw a W y viceversa.

Regresando al ejemplo inmediato anterior resulta ser que:
$W = log^{-1}\left(\frac{5}{10}\right)$, W=3.1622; asombroso fue el comentario, compraron un amplificador de audio de 3.1622 watts, menor que un foco LED. Obviamente surgieron las risas clásicas de ¡pues sí verdad!

Existe una relación entre dBm y dBw, que es: $dBw = dBm - 30$, pero no es la única como puede observar en el anexo B, y para finalizar comprobaremos dicha relación en el ejemplo expuesto con anterioridad.

Si 3.1622w=5dBw, transformando los watts a mw (miliwatt) nos queda 3.1622E^3, donde $dBm = 10log\left(\frac{"P1"}{1mW}\right)$, $dBm = 10log\left(\frac{3.1622E3}{1mW}\right)$, dB$_m$=35, por consiguiente: dBw= 35-30 dBw= 5.

Capítulo IV. Propagación de la onda electromagnética.

Interesante resulta saber que la onda electromagnética se halla presente en un universo tan amplio, que de hecho siempre estamos en él y con ella; a que me refiero: desde la radiación solar, los rayos gamma, rayos X, todo ello se le conoce como espectro electromagnético y dentro de éste, el hombre ha sabido utilizar un pequeño fragmento para las radiocomunicaciones.

La Unión Internacional de Telecomunicaciones (UIT) sita en Ginebra, Suiza; es la máxima rectora de la administración de lo que llamamos espectro radioeléctrico y para ello el mundo se ha dividido en tres grandes regiones (región 1: áfrica y Asia, región 2: continente Americano y región 3: parte de Asia y Oceanía).

La clasificación del espectro radioeléctrico esta subdividido en bandas con cierto ancho de banda y se sabe que dicha división se conformó con base a los comportamientos que llega a experimentar la onda electromagnética, el espectro radioeléctrico es un recurso natural con capacidad de reutilización e inagotable. Sin embargo hoy en día, a pesar de tener una infinidad de usuarios (permisionarios o concesionarios), es indispensable su buena administración y aprovechar la tecnología para su mejor uso; por ello el apagón analógico para dar paso a la televisión digital, esto último generó en el espectro radioeléctrico más espacio para dicho servicio.

La clasificación del espectro radioeléctrico y conforme a lo dictaminado por la UIT quedó de la siguiente manera con los servicios asignados en este caso para México:

- Frecuencias extremadamente bajas: ELF (Extremely Low Frequencies), se encuentran en el intervalo de 3 a 30 Hz. Este rango es equivalente a aquellas frecuencias del sonido en la parte más baja (grave), el ser humano las percibe en forma sonora.

- Frecuencias super bajas: SLF (Super Low Frequencies), se encuentran en el intervalo de 30 a 300 Hz. Estas frecuencias son equivalentes a los sonidos graves que aprecia el oído humano típico.

- Frecuencias ultra bajas: ULF (Ultra Low Frequencies), se encuentran en el intervalo de 300 a 3000 Hz. Este es el intervalo equivalente a la frecuencia de la voz humana.

- Frecuencias muy bajas: VLF, Very Low Frequencies. Se pueden incluir aquí las frecuencias de 3 a 30 kHz. Estas frecuencias son empleadas para comunicaciones gubernamentales y militares.

- Frecuencias bajas: LF, (Low Frequencies), se encuentran entre los 30 a 300 kHz. Estas se utilizan para ofrecer servicios de navegación aeronáutica y marina.

- Frecuencias medias: MF, Medium Frequencies, se ubican entre los 300 a 3000 kHz. Se emplean para la radiodifusión de AM (530 a 1605 kHz).

- Frecuencias altas: HF, High Frequencies, están en el rango de 3 a 30 MHz. Conocidas también como "onda corta". Se usan para diferentes tipos de radiocomunicaciones como comunicaciones gubernamentales, militares y radiodifusión. Los radioaficionados también utilizan esta banda del espectro.

- Frecuencias muy altas: VHF, Very High Frequencies, abarcan desde los 30 a 300 MHz. Es empleado para comunicaciones marinas, aeronáuticas, la radio móvil y los canales de televisión del 2 al 12. También es usado para la transmisión de radio en FM (88 a 108 MHz).

- Frecuencias ultra altas: UHF, Ultra High Frequencies, comprenden desde 300 a 3000 MHz, es utilizado para servicios de telefonía celular, servicios móviles de comunicación por tierra y comunicaciones militares, incluye los canales de televisión de UHF, es decir, del 21 al 69.

- Frecuencias súper altas: SHF, Super High Frequencies, se localizan entre 3 y 30 GHz, utilizadas para comunicaciones vía satélite y radioenlaces terrestres. También son utilizadas con fines militares, por ejemplo en radares.

- Frecuencias extremadamente altas: EHF, Extrematedly High Frequencies, abarcan de 30 a 300 GHz. Los equipos usados para transmitir y recibir estas señales son más complejos y costosos, por lo que no están del todo difundidos aún.

De lo anterior, el espectro radioeléctrico es aquel en el que se desarrollan una buena parte de los servicios de telecomunicaciones, el cual a su vez, está contenido en el espectro electromagnético y se detalla en la tabla siguiente:

Tabla 3. Rango de frecuencias del espectro radioeléctrico por la UIT.

Clasificación de las frecuencias por la Unión Internacional de Telecomunicaciones				
Nombre	Abreviatura inglesa	Banda ITU	Frecuencias	Longitud de onda
			inferior a 3	> 100 000 km
Extra baja frecuencia	ELF	1	3-30 Hz	100 000 - 10 000 km
Súper baja frecuencia	SLF	2	30-300 Hz	10 000 - 1000 km
Ultra baja frecuencia	ULF	3	300-3000 Hz	1000 - 100 km
Muy baja frecuencia	VLF	4	3-30 kHz	100 - 10 km
Baja frecuencia	LF	5	30-300 kHz	10 - 1 km
Media frecuencia	MF	6	300-3000 kHz	1 km - 100 m
Alta frecuencia	HF	7	3-30 MHz	100 - 10 m
Muy alta frecuencia	VHF	8	30-300 MHz	10 - 1 m
Ultra alta frecuencia	UHF	9	300-3000 MHz	1 m - 100 mm
Super alta frecuencia	SHF	10	3-30 GHz	100 - 10 mm
Extra alta frecuencia	EHF	11	30-300 GHz	10 - 1 mm
			> de 300 GHz	< 1 mm
E = Extremely; L = Low; F = Frecuency; S = Super; H = High; V = Very; M = Medium; U = Ultra.				
ITU = International Telecomunication Union				

El espectro radioeléctrico, como vimos anteriormente está constituido en bandas, en las cuales se hallan inmersos distintos servicios, los cuales requieren diferentes requerimientos técnicos, como lo podemos apreciar en la ilustración 11.

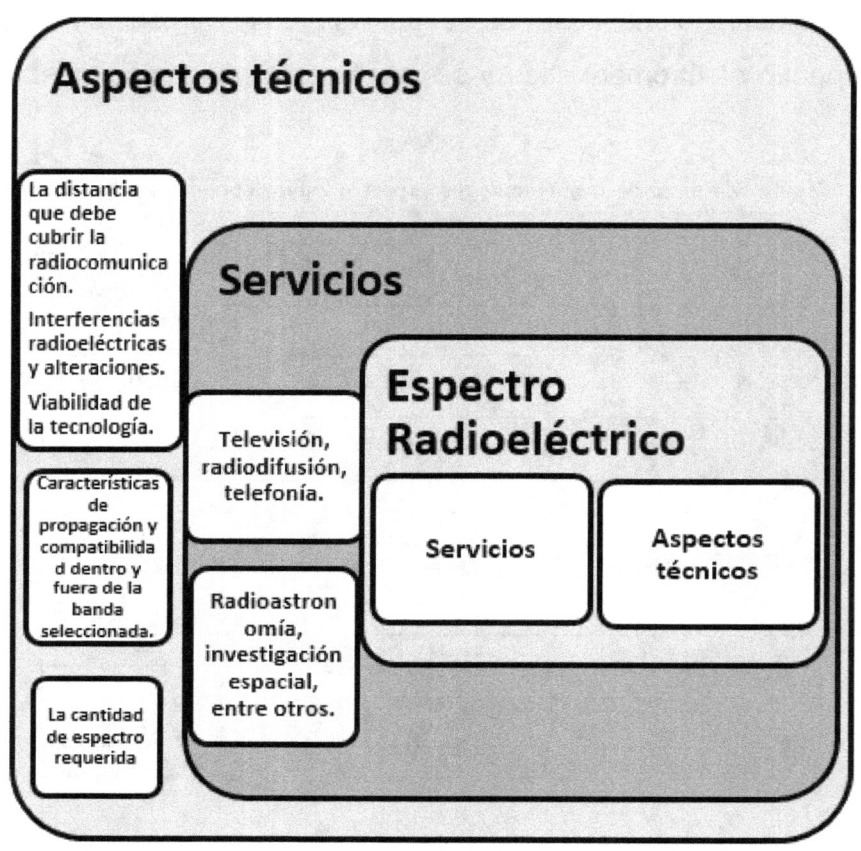

Ilustración 11. Servicios y requerimientos técnicos para las diferentes bandas del espectro radioeléctrico (fuente propia).

Quien no habrá experimentado, sobre todos los pobladores de edad avanzada que habitan sobre la costa del Golfo de México, cuando sintonizaban su radio en AM (Amplitud Modulada), por la mañana para escuchar música, noticias o alguna serie radiofónica ("Kalimán" o el "Tres patines"), y empezando el atardecer y por la noche en la misma banda empezaban a escucharse estaciones de radio de los Estados Unidos (Corpus Christi, Texas; Miami, Florida) y también de Cuba.

Interesante es en verdad el fenómeno de propagación que sufre el servicio de radiodifusión AM por cuestiones del día y la noche, independientemente de otros más que se le pueden adjudicar.

Existen diferentes mecanismos de propagación entre un sistema transreceptor, que en un contexto general la propagación de las ondas las podemos resumir técnicamente en tres: Celestes, terrestres y troposféricas (espaciales); a su vez podemos reclasificarlas por su aprovechamiento y su característica desde el punto de vista de la ciencia (Física).

La onda celeste es la energía que llega al punto receptor como resultado de la curvatura ionizante producida entre la mesosfera y termosfera (80 kilómetros sobre el nivel del mar), lo que explica las comunicaciones a larga distancia (radioaficionados con contactos por todo el mundo).

La onda terrestre (onda superficial), existe dada la cercanía entre el transmisor y receptor, su límite de apoyo inferior es sobre la superficie de la tierra que permite la radiodifusión de onda media y más largas, las cuales en horas de día solar son ondas terrestres. Otra condicionante de las ondas terrestres es su polarización vertical (La polarización está regida por el campo eléctrico de la onda electromagnética y concebida por la posición física de la antena con respecto a su plano "superficie de la tierra"), pero de ello hablaremos más adelante.

Las ondas troposféricas es la energía electromagnética que viaja entre un sistema transmisor y receptor a través de la tropósfera que llega de uno 10 a 15 kilómetros aproximadamente, técnicamente la onda viaja no menos de cuatro formas distintas: vía directa, por reflexión(es) con la superficie terrestre y tropósfera, refracción y difracción (en el contexto práctico de campo, se le conoce como: efecto filo de navaja).

Para aclarar mejor el efecto filo de navaja, se podría decir que cuando una onda electromagnética roza la cúspide de un obstáculo (cerro, edificio,...), esta tiene dos cambios significativos es su trayectoria (desde el punto de vista lineal), puede cambiar de dirección (cambiar su ángulo de trayectoria), o generaría un patrón como un abanico, ver ilustración 12.

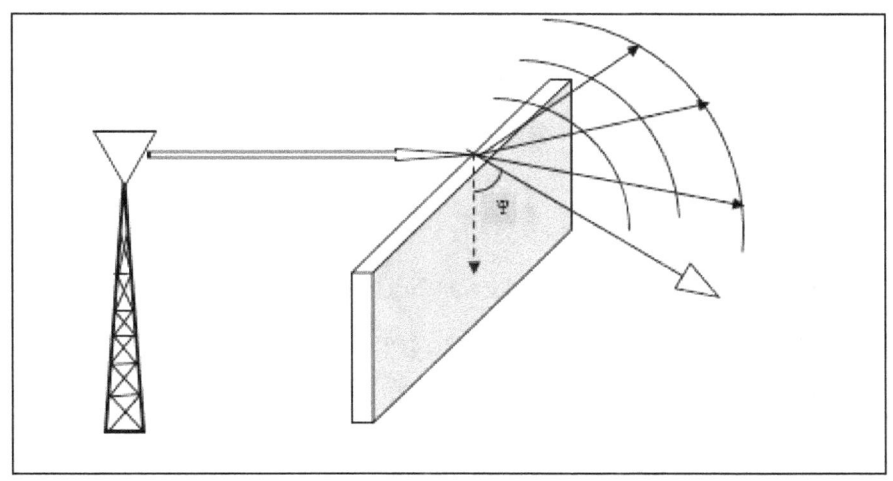

Ilustración 12. Efecto de la onda electromagnética por difracción (fuente propia).

Si hubiera alguna duda en cuanto al fenómeno de difracción, lo podemos ejemplificar de la siguiente manera: Si abres una llave de agua, verás que ésta puede salir en forma turbulenta (rápida), muy poca (goteo) o laminar (despacio y uniforme "a manera de un hilo delgado"), tendrás que abrir el grifo a manera de flujo laminar, luego y con mucho cuidado acercarás uno de tus dedos a manera de rozar el chorro (como no queriéndolo mojar), observarás como el hilo de agua cambia de dirección ligeramente con la vertical en ese punto de contacto; pero si interrumpes el chorro de agua homogéneo colocando tu dedo a la mitad observarás cómo abre en forma de abanico.

La propagación de las ondas de radiocomunicación entre emisor y receptor, está influenciada por la altura de la antena con respecto al suelo, altitud, frecuencia, distancia entre los puntos del sistema, características eléctricas de la tierra y condiciones de la tropósfera e ionósfera. También se dijo que las ondas electromagnéticas independientemente de los rasgos del perfil por levantamiento, se pueden clasificar adicionalmente por sus cualidades físicas y aprovechamiento (Ilustración 13).

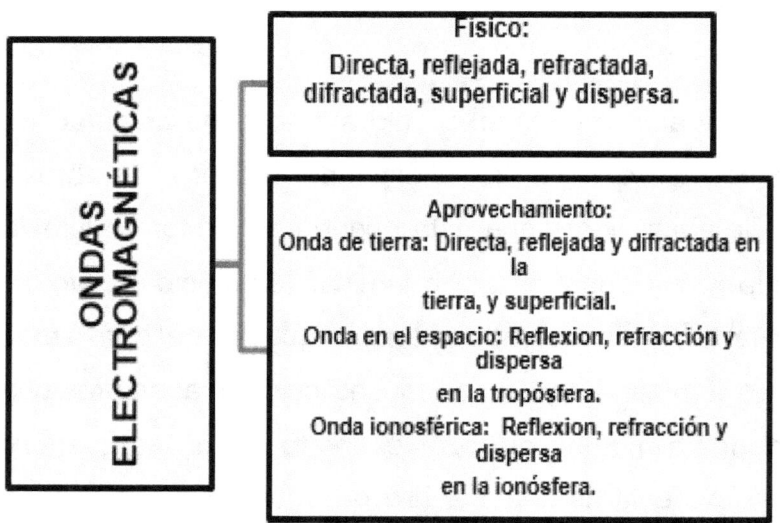

Ilustración 13. Clasificación de la onda electromagnética por característica física y aprovechamiento (fuente propia).

Imagínese que se encuentra a la orilla de un río, hay un vertedero de aguas termales, lo primero al entrar al río lo que percibe es el agua caliente que emerge de pozo termal y conforme avanza, ésta se combina con la del río, sintiéndose más fría; al regresar usted busca un punto de temperatura ideal para permanecer ahí, y ocurre que a veces la sentirá más caliente o más fría. Así ocurre con la división de bandas del espectro electromagnético y radioeléctrico, ella fue realizada con base a comportamiento casi homogéneos, pero en si no existe una frontera para especificar que hasta aquí se comporta de esta manera y fuera de ella de otra manera, es decir; ciertas propiedades se debilitan para que otras se posesionen como prioritarias.

Pero a grandes rasgos podemos resumir lo siguiente en cuanto a características de propagación por banda se refiere:

- Las ondas superficiales y difractadas entre menor sea la frecuencia será menor la atenuación.
- Dentro de la banda de HF (High Frequency) la refracción y reflexión de las ondas es ideal, con una absorción y atenuación mínima.
- Las ondas difractadas y superficiales mayores a VHF (Very High Frequency) se consideran del tipo línea de vista (lineal "punto a punto"), son las que más

atenuación presentan e independientemente de ello son capaces de cruzar la ionósfera.

- Para las bandas VLF (Very Low Frequency), LF (Low Frequency) y MF (Medium Frequency), aprovechan las ondas ionosféricas para el incremento de su distancia entre los puntos del sistema de comunicación.

Comparativamente podemos hablar de los comportamientos de las microondas con la luz; sabiendo de antemano que la luz tiene varias vertientes teóricas que han tratado de explicar su naturaleza y origen, de las cuales hasta el día de hoy, no han podido conjuntarse; el día que una teoría agrupe a éstas, ése día la ciencia habrá dado un salto de inmensurables proporciones; la luz cuenta con las teorías:

- Teoría corpuscular de emisión: Es debida a Newton y considera que la luz está compuesta de corpúsculos emitidos por los cuerpos luminosos.

- Teoría ondulatoria de Huygens: Explica que la luz se transmite por medio de ondas a través del éter (sustancia desconocida que llena todo el espacio vacío), junto con Tomas Young se observaron los fenómenos de difracción e interferencia.

- Teoría electromagnética de James Clerk Maxwell: Establece que la luz es un fenómeno de carácter electromagnético.

- Teoría de la mecánica ondulatoria de Víctor Luis de Broglie: Afirma que la luz en algunos fenómenos sigue un comportamiento ondulatorio y en otros corpuscular, debido a que la partícula luminosa está asociada a su onda.

- Teoría cuántica: De acuerdo con las ideas de Plank y Bohr, la luz se produce por radiación de cuantos de energía que se libera en los átomos cada vez que un electrón regresa a la órbita o nivel de energía del cual había sido desplazado momentáneamente por alguna excitación. Los cuantos son como paquetes de energía que reciben el nombre de fotones que pueden comportarse como partículas y se propagan en movimiento ondulatorio.

La luz, así como las microondas, producen regiones de sombra por obstáculos, reflexión (reflejos) por superficies planas, refracción por cambio de la densidad del medio en su trayectoria (Ley de Snell), reflexiones irregulares (ilustración 14) por lo accidentado de la superficie y difracción de la cual ya se mencionó su comportamiento.

Reflexión Especular   Reflexión Difusa

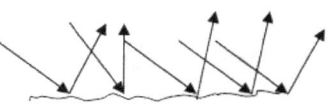

Los rayos reflejados son paralelos   Los rayos reflejados viajan
entre sí.   en direcciones aleatorias.

Ilustración 14. Tipos de reflexiones con base a la superficie (fuente propia).

Indiscutiblemente en la práctica o trabajo de campo, el sustento teórico queda disminuido por la existencia de fenómenos a veces incomprensibles, o más bien, por la pluralidad de los aspectos físicos inherentes al fenómeno estudiado los cuales se tornan complejos para explicarlos teóricamente.

Con base en ello, la polarización tiene tres aspectos específicos, el primero de ellos cuando la polarización de la onda electromagnética interactúa con el medio de trasmisión (tierra); el segundo sería, el cambio de la polarización debido a las cuestiones atmosféricas y/o obstáculos por lo que haya incidido la OEM (Onda Electromagnética), y será ampliado en pérdidas de propagación; y por último, la polarización a través de un sistemas radiador (antena), el cual será visto en el capítulo de radiación (capítulo V).

Cuando se comentó de las diferentes formas de propagación de las ondas de radiocomunicación, la de onda terrestre se trasladaba sobre la superficie de modo tal que para que ello suceda es necesaria que la polarización de la OEM sea en el sentido vertical, debido a que toda componente horizontal del campo eléctrico que llegase a existir en contacto con la tierra, induce cargas eléctricas en tierra, las cuales al desplazarse infieren en una corriente. Estas cargas suelen comportarse como un capacitor con reactancia (Reactancia capacitiva "Xc": perdidas eléctricas por resistencia propias de un capacitor medida en ohm), lo que entonces la tierra potencialmente es un medio conductible asociado a la permitividad (ε).

Una onda electromagnética sin importar por el medio en el que viaje, sufre un efecto de desvanecimiento (atenuación), en consecuencia la OEM que viaja por tierra depende de su constante dieléctrica, donde su intensidad energética va atenuándose debido a la absorción y cedencia de cargas eléctricas, propiciando un flujo transversal y longitudinal, para apoyar este párrafo vea la ilustración 15.

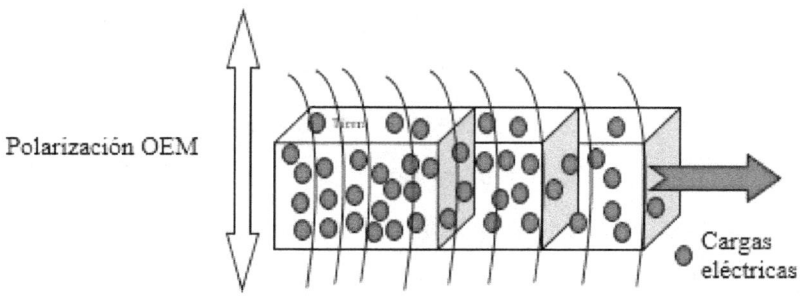

Ilustración 15. Flujo de las cargas eléctricas por inducción de OEM polarizada (fuente propia).

El comportamiento de la onda de superficie en su momento fue estudiada por A. Sommerfeld en 1909, aunque fueron Shuleikin y Van der Pol los que aplicaron estos trabajos a la ingeniería de comunicaciones. Posteriormente Burrows, Norton y Wait contribuyeron decisivamente para configurar los modelos de Onda de Tierra (BESADA, 2017), lo que es bastante similar a lo que ocurre en una línea de transmisión (cable coaxial).

Para ello, sintetizaremos cómo funciona un cable coaxial: Básicamente la única función de una línea de transmisión es establecer el traslado de la información o la energía de un punto a otro lo más eficiente que se pueda. Los efectos propios de la línea de transmisión tales como capacitancia e inductancia se vuelven significativos en razón de su longitud, la impedancia característica se designa como Z_0 y es independiente a la longitud del cable, esta impedancia es como si se considerara que una longitud del cable fuese necesario para efectuar adaptaciones, ya que si es diferente la impedancia entre ellas puede producir reflejo o desperdicio de energía, dañando a la fuente transmisora.

A continuación se explicará cómo se constituye un cable coaxial (para sistemas de baja potencia), si observa trasversalmente el cable, este se constituye de una capa externa cubierta plástica (ilustración 16, inciso a), si es apantallado por lo consiguiente tiene una malla metálica con aluminio (Ilustración 16, inciso b), luego un polietileno generalmente de color blanco/transparente que cubre al núcleo (Ilustración 16, inciso c) y por último un núcleo de cobre (Ilustración 16, inciso d).

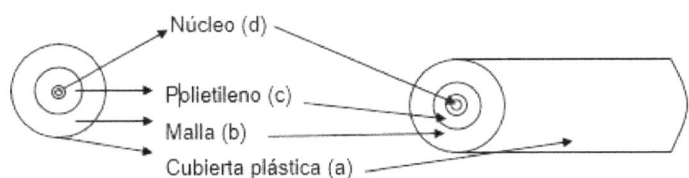

Ilustración 16. Constitución física de un cable coaxial (fuente propia).

Idealizando eléctricamente el cable coaxial, podemos decir que con fundamento, toda señal eléctrica puede en sí, ser capaz de manipular una información (modulación) y llevarla de un punto a otro. Imagínese por un instante que el núcleo conduce corriente eléctrica, esta corriente a su vez y por la ley de Ampere, se asocia a ésta un campo magnético la cual es igual a la permeabilidad multiplicada por la corriente eléctrica (encerrada), ese campo magnético técnicamente se halla circundante al núcleo, el cual es atrapado (inducido), por la malla metálica del coaxial, que a su vez presenta un resistencia (Ilustración 17, inciso a), Continuando un cable coaxial también nos representa la conformación básica de la capacitancia, recordando que un capacitor no es más que dos placas separadas por un dieléctrico; por ello observe entre el núcleo y la malla, existe un polietileno que aísla a ambos, como puede imaginarse en sí, se trata de un capacitor predispuesto en forma circular (Ilustración 17, inciso b), aunado a ello la resistencia dada por el núcleo es tan pequeña que puede considerarse más bien como conductancia.

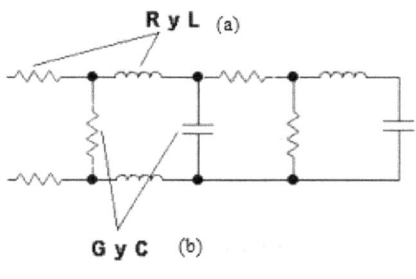

LC = μ ε
G / C = σ / ε

μ = Permeabilidad (H / m)
ε = Permitividad (F / m)
σ = Conductividad (siemens)
R = Resistencia (Ohm)

Ilustración 17. Esquema eléctrico de un cable coaxial. (Fuente propia).

Generalmente hablando, el cable coaxial no es el único elemento que sirve como medio de transmisión (en el anexo "C" se muestran algunos otros con sus respectivas fórmulas de impedancia, permitividad entre otros valores), pero en un coaxial mientras más grande sea el diámetro del conductor externo, menor será la atenuación. Los materiales usados afectan significativamente este valor en tanto el cable sea más largo, también depende mucho las características del cable para poder determinar su uso que son:

a) Frecuencia. A medida que sube la frecuencia la pérdida de cualquier coaxial o línea de transmisión también aumenta.

b) Longitud de la línea requerida. La pérdida total de una línea se determina por su longitud, ya que esta se considera diferente e independiente de la impedancia característica.

c) Medio ambiente. Es un factor indispensable al considerarse, ya que las líneas pueden estar sometidas a medios corrosivos o fenómenos físicos no predecibles.

Para concluir podemos decir que los valores de conductividad y la constante dieléctrica del suelo, intervienen en la atenuación de la onda terrestre, así como en la profundidad donde las cargas todavía tienen una cierta magnitud, y al igual que en el coaxial la frecuencia siempre tiene implicaciones.

Para finalizar el presente capítulo, veremos las pérdidas de propagación y las podemos agrupar conforme a la Ilustración 18 y se resumirán brevemente.

Ilustración 18. Perdidas por propagación (fuente propia).

Todo lo concerniente de pérdidas por propagación, bien amerita un solo libro para su estudio y análisis, pero para lo que nos ocupa, solo se hará mención de ésta a manera superficial, sin minimizar su importancia para lo que se persigue.

La onda electromagnética que nace de una antena con cierta intensidad y se irradia en el espacio libre en forma ideal (sin obstáculos y atmosfera normal), donde la pérdida de intensidad de la señal entre el origen (antena) y cualquier receptor a "x" distancia, lo conocemos como pérdida de propagación o atenuación.

Atenuación por dispersión. Su estudio comienza a partir de la potencia de la señal emitida a través de la antena, la cual adquiere una forma expansiva (idealmente esférica), obteniéndose como resultado que a cualquier distancia "x" de la emisión, solo llegue una pequeña fracción de esa energía que en un principio emergió. Lo anterior mencionado técnicamente, es la ley inversa del cuadrado (La densidad de líneas de flujo disminuye a medida que aumenta la distancia, Iustración 19).

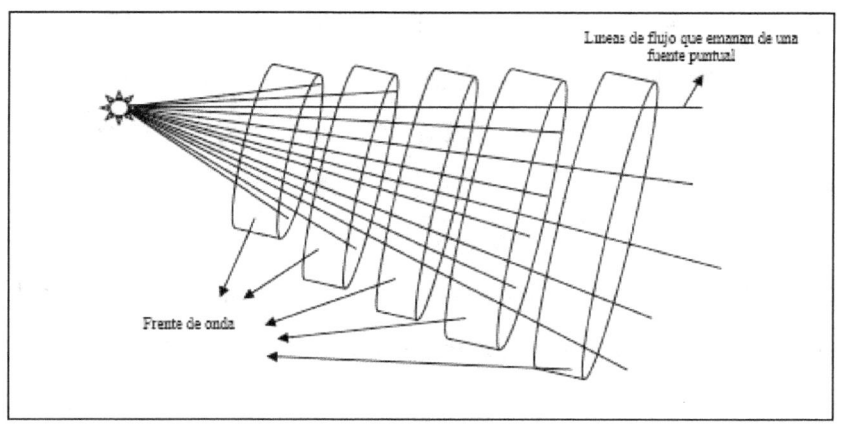

Ilustración 19. Ley de la inversa cuadrado en óptica (fuente propia).

La atenuación por absorción se presenta en las bandas SHF y EHF, y consiste en la pérdida de la señal por la longitud de la onda electromagnética, la cual propicia la resonancia de las moléculas es el espacio libre y por ende absorbe parte de esa energía (similar al microondas de uso doméstico, ilustración 20).

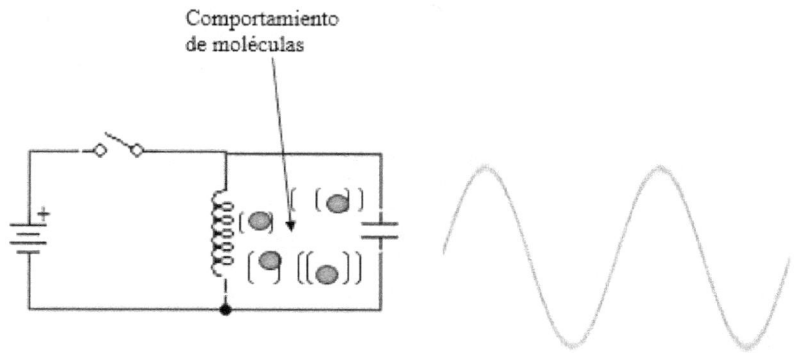

Ilustración 20. Atenuación por absorción (fuente propia).

La atenuación atmosférica. Como se sabe, la atmosfera está conformada por varios gases y vapor de agua, de los cuales, el oxígeno y el vapor de agua son los principales agentes que absorben energía de las ondas electromagnéticas, el primero debido a su dipolo magnético, ya que se considera como un gas paramagnético y el segundo al dipolo eléctrico, por la conductividad inherente del agua para la electricidad. Las gotas de agua dispersan parte de la energía electromagnética del haz de microondas originando una atenuación a lo largo del su trayecto, en tanto que la neblina o chubascos propicia la difracción, reflexión, refracción y atenuación, por el alto contenido de agua por unidad volumen. En ambos casos haciendo una analogía con rayo lumínico, podemos decir que el rayo incidente, el reflejado y el refractado se encuentran idealmente en el mismo plano (Ilustración 21).

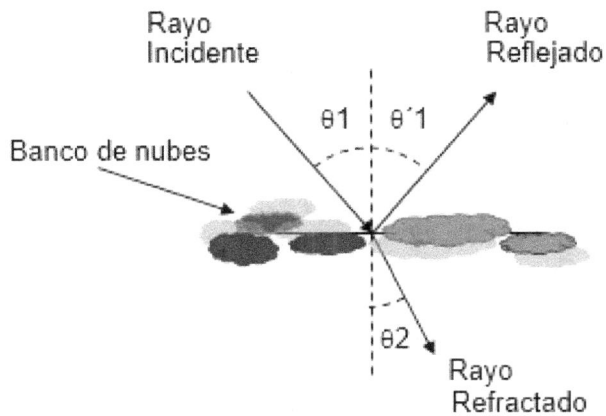

Ilustración 21. Fenómeno de las ondas electromagnéticas a través de un medio con alto grado de humedad relativa (fuente propia).

Un ejemplo típico de los efectos de atenuación por lluvia es para los enlaces satelitales, sobre todo a nivel entretenimiento, cuando un suscriptor de televisión satelital ante una lluvia fuerte la señal se pierde, pero los concesionarios de televisión de cable a pesar de que se publicitan con una garantía de continuidad de señal, es falso, ya que ellos mismos toman las señal de los satélites, lo que ocurre es que tienen sistemas redundantes o tienen programas pregrabados.

Pérdidas de propagación por zonas Fresnel. Entre los dos puntos básicos primarios de una comunicación por radiofrecuencia (trasmisor y receptor), idealmente debe ocurrir en una trayectoria recta (onda directa), pero se sabe que a mayor distancia la curvatura terrestre suele afectar la propagación de la onda generando ondas que se hayan reflejado por el terreno. Ello tiene tres connotaciones implícitas por la concurrencia de las ondas, según su ángulo de fase.

a) La onda electromagnética directa con la reflejada, si tienen el mismo ángulo de fase se suman.
b) La onda electromagnética directa con la reflejada, si tienen un desfase de 180° (opuesto) se genera nulidad de esta.
c) La onda electromagnética directa con la reflejada, si tienen diferente ángulo de fase, de forma tal que no es igual pero tampoco opuesta, podemos decir que esta se ve disminuida en su intensidad.

Los máximos y mínimos que se obtienen por interferencia de la onda reflejada, representan las zonas de Fresnel (ilustración 22), que dependen de la diferencia de fase. Todas las propagaciones que ocurren en lo que llamamos primera zona de Fresnel, se suponen ocurrentes con la trayectoria directa y por ende positivas. Mientras que las ondas ocurrentes en la segunda zona de Fresnel, se consideran negativas; es decir, que todas las zonas impares son de carácter positivo y las zonas pares negativas.

El efecto de difracción alrededor de la curvatura terrestre, es lo que hace posible rebasar lo que denominamos línea de vista, la dimensión de la pérdida por obstrucción se incrementa a mayor distancia, frecuencia o enlace entre transmisor y receptor.

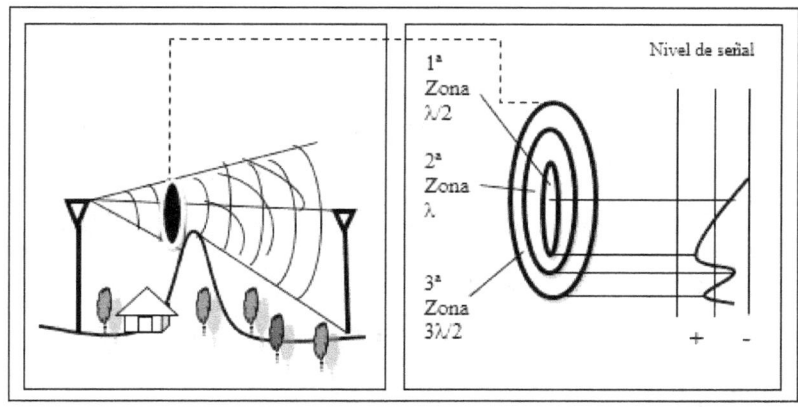

Ilustración 22. Esquema del efecto de reflexión por un obstáculo y vista de la distribución de las zonas de Fresnel (fuente propia).

Las variaciones del campo eléctrico ocasionado por los cambios del medio de transmisión y la topografía, se denominan desvanecimientos los cuales están diferenciados por atenuación e interferencia que puede ocurrir individualmente o en conjunto y lo relativo a la atenuación esta expresada en decibles, lo cual ya fue tratado en el capítulo III.

Capítulo V. Radiación de la onda electromagnética.

Antes de la aparición de la televisión digital, lo más común para mejorar la imagen era instalar una antena aérea de la mejor calidad posible, de hecho no existe ningún equipo receptor o transmisor que no tenga antena; esta última es en sí, la parte indispensable de cualquier equipo, ¿de qué sirve el mejor equipo del mundo, sea televisor, radio, celular, sin antena?, en realidad de nada.

Para quienes ignoran todo lo relativo a antenas (elemento radiador), posiblemente algún día experimentaron que con un solo alambre de cobre, clip o gancho de ropa, bastaba para lograr recibir la señal, a lo mejor no con la calidad que se quisiera, pero al fin a cabo funcionaba.

Básicamente la radiación de la onda electromagnética la tenemos que estudiar en dos contextos:

a) Teoría Huygens.

b) Elementos radiadores (antenas).

La teoría de Huygens trata de explicar los fenómenos de dispersión, reflexión, difracción, entre otros fenómenos físicos, para ello determinó el concepto de frente de onda, el cual dice que un número infinito de radiadores isotrópicos (antena hipotética que emite la misma cantidad de radiación en todas las direcciones) en un sistema de frontera, cada partícula se induce electromagnéticamente generando una segunda frontera con radiadores isotrópicos y así sucesivamente (ilustración 23).

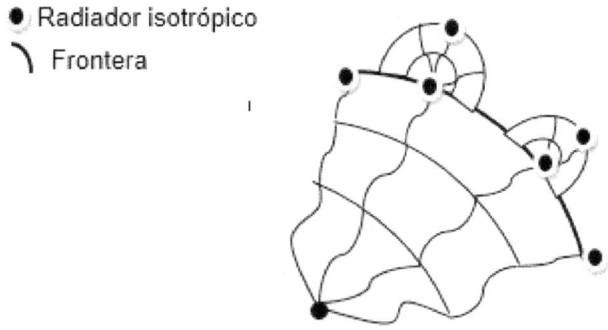

Ilustración 23. Frentes de onda y vector poyting (fuente propia).

Cada punto representativo a lo que hemos denominado como radiador isotrópico, genera lo que es el vector Poyting, que es el resultado del producto cruz del campo eléctrico con respecto al magnético, la cual se manifiesta como una onda electromagnética que se propaga perpendicularmente a ambos campos (Ley de inducción de Maxwell).

En lo que respecta a elementos radiadores (antenas), se definen como transductores de energía eléctrica a electromagnética y viceversa. La energía electromagnética liberada de una antena es denominada como radiación, su estudio es vasto debido a la gran variedad de antenas que existen en el mercado, la cuales están por servicio, banda, direccionalidad, polaridad, entre varios aspectos adicionales; pero lo pertinente es ir de lo más simple a lo más complejo (Ilustración 24), pero en la práctica no existe nada que remplace a la experiencia para determinar la selección de una antena según los fines que se persiguen.

La construcción de una antena parte de un material ferromagnético, que incrementa en índice de conductividad, también se combina el uso de materiales diamagnéticos (nulas propiedades magnéticas) como el cobre y con mayor incidencia el aluminio.

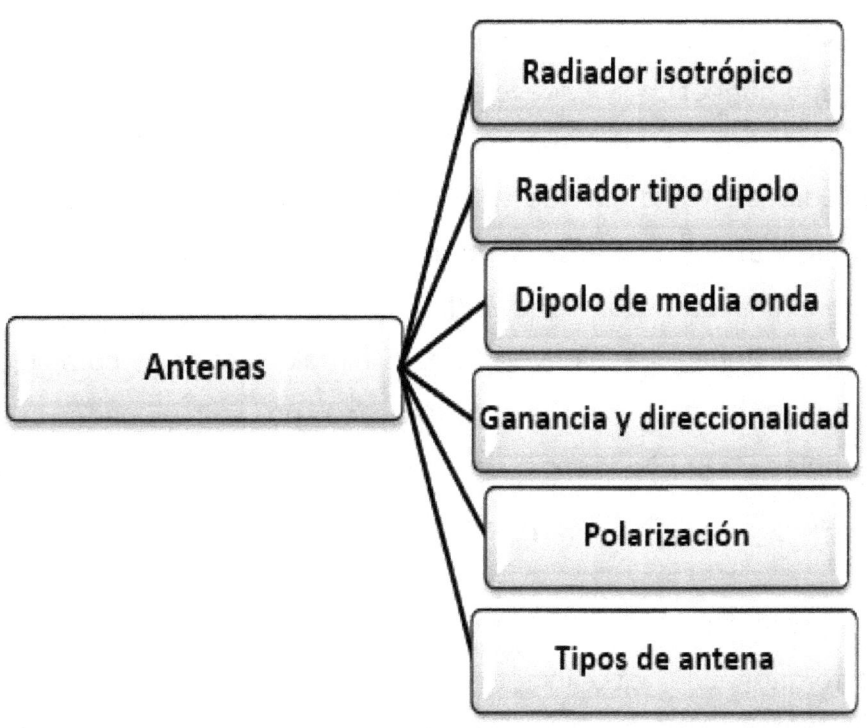

Ilustración 24. Estudio de los elementos básicos de una antena (fuente propia).

Con anterioridad en lo referente a radiador isotrópico (punto radiante en el espacio) ya se había comentado algo en la Teoría de Huygens, sin embargo este tipo de antenas se asumen como hipotéticas, ya que su patrón de radiación (lóbulo) se considera perfectamente circular (sistema coplanar) o esférico (sistema tridimensional).

Para el estudio de antenas, se usa la conceptualización de dipolo elemental que no es del todo real debido a que usa una diferencial de la longitud del conductor, es decir; una pequeña sección longitudinal que permite romper el esquema de un punto radiante y en cual circula la misma densidad de corriente por unidad de superficie. El patrón de radiación para el caso se manifestaría en dos círculos tangentes cuyo punto de contacto es el dipolo elemental (forma básica en el plano), en tanto que para un aspecto tridimensional tomaría la forma de lo que conocemos como toroide (ilustración 25).

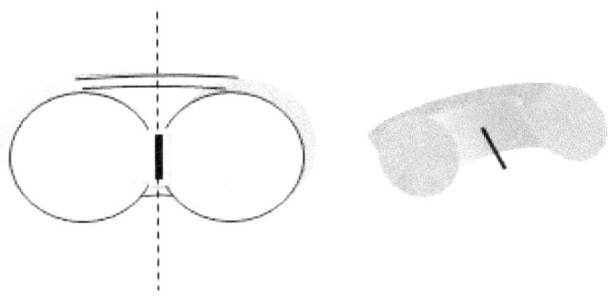

Ilustración 25. Corte transversal del patrón del dipolo elemental (fuente propia).

Un dipolo de media onda es el principio básico de construcción de cualquier antena, sobre todo en aquellas que su longitud es permisible, se sabe que una antena simple está constituida por cuatro partes fundamentales: cuerpo o columna de la antena (donde se sujetan los demás elementos), reflector, radiador y director, estos últimos son perpendiculares al cuerpo de la antena siendo el más importante el radiador también llamado excitador.

El radiador es un elemento que va cortado en lo que en términos coloquiales llamamos "media onda", esto deriva en un dipolo cuyas secciones dispuestas colinealmente y perpendicular al cuerpo de la antena en dos partes, cada una de ellas de un cuarto de onda, que en suma conforman la media longitud de onda.

Vamos a realizar un pequeño ejemplo para explicarnos mejor a lo que nos estamos refiriendo.

Primero, se sabe que la longitud de onda en el espacio libre está dada por la fórmula:

$$\lambda = \frac{c}{f}$$

Ecuación 11. Longitud de onda electromagnética.

donde λ, es longitud de la onda en metros, c es la velocidad de la luz 3×10^8 (m/s) y f es la frecuencia en Hertz, donde Hz es $\left(\frac{1}{s}\right)$, realizando análisis de unidades nos queda $\lambda = \frac{m/s}{1/s}$ $\lambda = \frac{ms}{s}$ $\lambda = \frac{m}{1}$ λ=m.

Ahora si tenemos una frecuencia de 450 MHz su longitud de onda será de $\lambda = \frac{3x10^8}{450x10^6}$ λ= 0.666m por lo tanto $\frac{\lambda}{2} = 0.333m$ y $\frac{\lambda}{4} = 0.166m$, lo que significa que a ambos lados del costado del cuerpo de la antena, habrá dos elementos de $\frac{\lambda}{4}$ que en suma nos dará $\frac{\lambda}{2}$.

La ganancia de una antena es una razón numérica entre dos cantidades, la cual se establece de un radiador isotrópico teórico con respecto a la antena en uso; es decir, es una medida de eficiencia de la misma al tratar su potencia radiada en una determinada dirección. La norma estándar EIA/TIA 329 (Asociación de Industrias Electrónicas / Telecommunications Industry Association), para antenas de estación base y antenas móviles, es un estándar válido internacionalmente para la medición de la ganancia de antenas móviles y de base.

Según éste estándar, la ganancia de las antenas de base se especifica en comparación a un dipolo de ½ onda y a un látigo de ¼ de onda instalado en el centro del techo de un vehículo en el caso de las antenas móviles.

Referente al dipolo de media onda tiene una direccionalidad de 1.64; por lo tanto, el patrón de radiación del dipolo de media onda tiene concentrada la energía sobre sus ejes en forma toroide, 1.64 veces mayor que en referencia al patrón esférico del radiador isotrópico con la misma alimentación de potencia.

Si el patrón de radiación es conocido y no hay pérdidas resistivas del sistema, la ganancia "G", se puede obtener de la siguiente manera:

$$G = \frac{Máxima\ intensidad\ de\ potencia}{Intensidad\ promedio\ de\ potencia}$$

Ecuación 12. Ganancia de una antena.

En tanto que la direccionalidad "D" se define como un patrón de radiación geométrico (se representa como una gráfica que muestra la intensidad de campo relativa a una distancia o ángulo determinado "vertical u horizontal"), donde el lóbulo de mayor volumen o predominante (Ilustración 26), constituye en sí, el sentido de propagación con mayor eficiencia, y viene dada por la fórmula:

$$D = \frac{P}{P_{AV}}$$

Ecuación 13. Direccionalidad de una antena.

Donde:

P= Densidad de potencia en el máximo punto de superficie del lóbulo radiado.

P_AV=Densidad de potencia promedio.

Por lo que la ganancia puede obtenerse en función de la direccionalidad como:

$$G = KD$$

Ecuación 14. Ganancia en función de la direccionalidad.

Donde:

K=Eficiencia del elemento radiador $K = \frac{PER}{PAR}$, PER= Potencia Efectiva Radiada, PAR= Potencia Aparente Radiada (potencia de entrada).

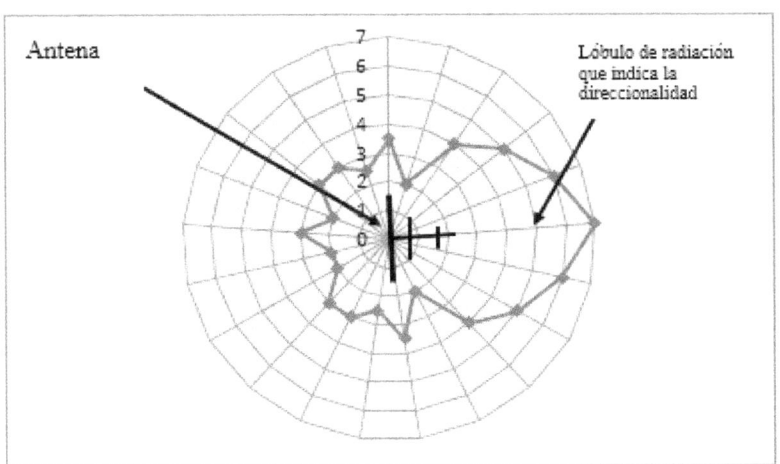

Ilustración 26. Patrón de radiación horizontal típico de una antena (fuente propia).

La polarización de una antena como ya se ha mencionado, está regido por el campo eléctrico, pero la forma más sencilla de saber, es la forma como está emplazada (Colocada), en la torre (Ilustración 27), o en el mástil, si los elementos constitutivos (reflector, excitador "radiador" y director), de esta se hallan paralelos a tierra se dice entonces que tiene polarización horizontal; en cambio, si son perpendiculares a tierra es polarización vertical, y de esto se deriva en diferentes combinaciones que dan pie a estilos o tipos de antenas.

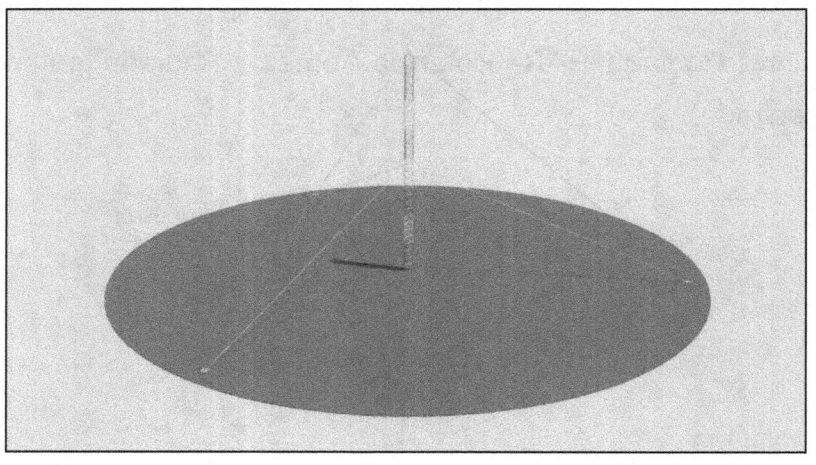

Ilustración 27. Dibujo de una torre (fuente propia).

En el mundo de las antenas existe una gran variedad de antenas por tipos y nombres, por lo que su clasificación puede ser desde el punto de vista en ganancia, forma, uso, banda de operación o direccionalidad, para los fines que se persiguen nos ocuparemos en una clasificación general por su direccionalidad y la cual se puede observar en la Ilustración 28. Definitivamente en la práctica, la forma en que está construida la antena determina en mucho su forma de propagación / recepción y por ende en su direccionalidad, en la industria de la telecomunicaciones existe un vasto número de antenas.

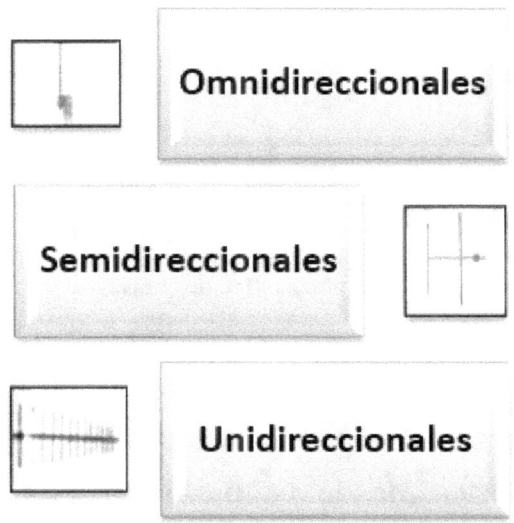

Ilustración 28. Clasificación de antenas por direccionalidad (fuente propia).

Las antenas omnidireccionales tiene un patrón horizontal hipotético a una circunferencia en tanto que en su transversalidad se asimila a dos abanicos abiertos con punto en común en sus mangos (Ilustración 29), para las antenas Unidireccionales (direccionales), su lóbulo de radiación prominente se asemeja a la Ilustración 26 y esta se agudiza (menos anchura más alcance), dependiendo del número de directores existentes en la antena y por último las de tipo semidireccionales, que por lo regular guardan una semblanza espejo a la de una unidireccional.

Ilustración 29. Patrón de radiación vertical típico de una antena (fuente propia).

Sin embargo con la experiencia, usted podría construir sus propias antenas, según sus necesidades partiendo de su operación básica, desde un punto de vista de la óptica, ilustración 30.

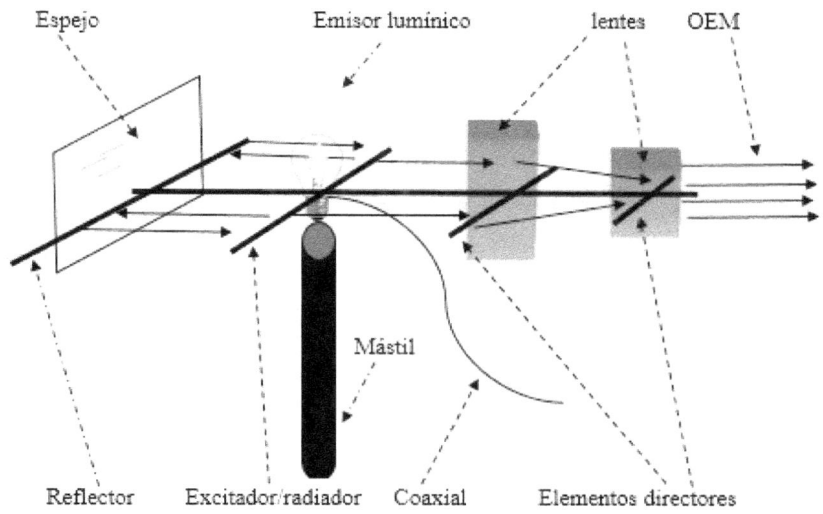

Ilustración 30. Comportamiento de una antena logarítmica desde el punto de vista de la óptica (fuente propia).

Para resumir este capítulo y recordando lo que se había comentado, las antenas son el corazón de las emisiones radioeléctricas y éstas pueden ser de lo más simple a lo más complejo, recordando que un simple clip es una antena, pero dependiendo de lo que quieres y el uso que se le dé, es lo que hace que una antena sea óptima para ese trabajo.

Capítulo VI. Radiogoniometría.

Lluvia nocturna intensa, el enemigo está cerca de la posición donde nos hallamos, pero no sabemos precisamente donde se encuentra, el técnico en radiomonitoreo con sus audífonos puestos y en una postura de máxima escucha, está incesantemente escaneando las diferente bandas y haciendo girar su antena receptora (Ilustración. 31) para tratar de ubicar al enemigo.

De repente, ligeramente percibe una conversación en clave dentro de la banda de UHF, se deja de escuchar; espera y al rato surge otra vez más nítida y realiza la marcación respectiva, se mueve con premura y va a otro lugar seguro a trasiego, y vuelve a su posición de escucha, logrando escuchar un mensaje clave del enemigo y aunque no con exactitud da al comandante la posición tentativa del enemigo.

El comandante sabe que es su mejor ingeniero en telecomunicaciones pero dadas las circunstancias existe la probabilidad de errores y por ello manda a tres batallones entre los trazos donde provenían la señales electromagnéticas.

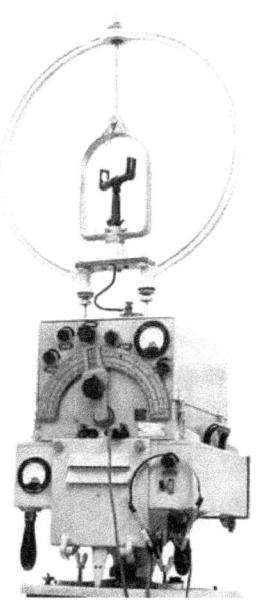

Ilustración 31. Fotografía de un radiogoniómetro de la segunda guerra mundial.
Obtenido de la página http://www.exordio.com/1939-1945/civilis/telecom/hf-df.html

Lo que acabamos de leer fue una semblanza muy pobre de lo que en realidad ocurría en la segunda guerra mundial, donde parte de la estrategia era precisamente la localización del enemigo a través de sus comunicados, por ello la importancia de la radiogoniometría en aquella época y aun hoy en día se ocupa para determinar grupos delictivos, o simplemente hallar el origen del ruido interferente en algún equipo de medición, entre otras cosas.

La radiogoniometría tiene por objeto determinar la posición de una fuente cualquiera de emisiones radioeléctricas utilizando las propiedades de las ondas electromagnéticas.

Desde una perspectiva general, la radiogoniometría es un procedimiento indispensable para alcanzar lo fines siguientes:

a) Determinar el emplazamiento de un transmisor interferente que no puede ser identificado con otros medios.
b) Localización de una fuente de perturbación radioeléctrica que dificulte la percepción, como por ejemplo algún armónico en una línea de transmisión de alta tensión.

Sin entrar en el detalle de los diferentes fenómenos que intervienen en la propagación de las ondas radioeléctricas, podemos decir que las ondas se propagan siempre a lo largo del arco del círculo máximo que une la fuente de radiaciones a la ubicación de recepción. En consecuencia si se dispone de un equipo receptor apropiado, que indique no solo la dirección de llegada de las ondas en el plano horizontal, sino también la polarización, se podrá obtener una marcación de la fuente emisora y su posición por azimut (movimiento en 360° a partir del norte magnético en sentido horario).

El procedimiento para llevar a cabo la radiogoniometría en búsqueda de un emplazamiento, consiste en la intersección de dos marcaciones, pero dos de ellas y dada la complejidad de la propagación de las OEM, será necesaria una tercera marcación (ilustración 32) para obtener dos intersecciones más, y así tener relativamente un área triangular donde hipotéticamente (a veces suele fallar el procedimiento por los fenómenos anteriormente mencionados), se halla la fuente interferente.

Posteriormente en cada punto de la intersección si fuera posible se vuelve a realizar el procedimiento hasta tener un área relativamente pequeña para ubicar la fuente a pie o en vehículo, lo anterior se da, ya que aparentemente las escalas y trazos en un mapa parecen cortas, pero en realidad pueden contar con varios kilómetros de distancia entre los puntos de intersección, tal como se aprecia en el mapa.

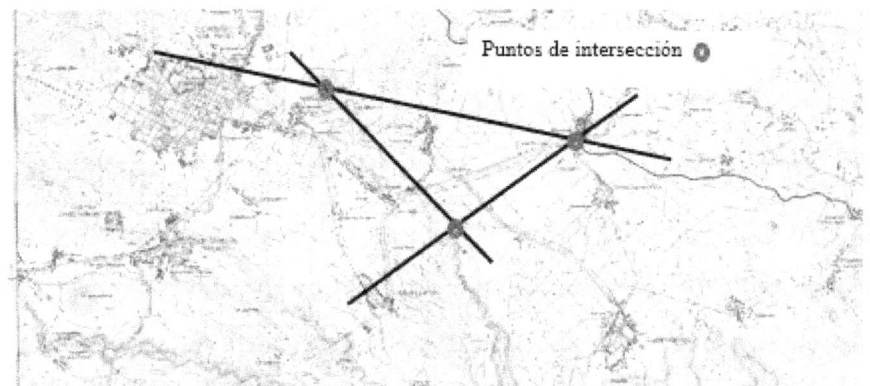

Ilustración 32. Parte de mapa topográfico de la región de Coatepec, Ver.
INEGI

La técnica de radiogoniometría es variada, pero en el mejor de los casos es tener sistemas de monitoreo fijo, pero ello conlleva demasiado dinero, la forma más simple es con un solo equipo de recepción y moverse a través de la superficie hipotética para localización del emplazamiento a través de las marcaciones previamente seleccionadas.

La tabla 4, nos muestra la relación entre los puntos de monitoreo (marcación), las intersecciones y el número de áreas conocidas (triángulos), aunque el hecho de realizar más de tres marcaciones las áreas pueden confundirse en otros tipos de superficie que no se toman en consideración para determinar la posición de la fuente.

Tabla 4. Tabla que relaciona marcaciones, intersecciones y triángulos.

Número de marcaciones	Número de intersecciones	Número de triángulos
2	1	0
3	3	1

A continuación se dan algunas recomendaciones para poder efectuar el procedimiento de la localización de un emplazamiento interferente, los cuales no son precisamente una receta, ya que depende de la experiencia de los técnicos o ingenieros en el procedimiento de la radiogoniometría.

a) Obtener un mapa topográfico de la zona.
b) Equipo necesario incluyendo brújula
c) Altura sobre el nivel del mar.
d) Coordenadas geográficas de las marcaciones.
e) Datos generales de los obstáculos que se presenten (montañas, arboles, edificios, entre otros).
f) Accesibilidad de los lugares de intersección, de lo contrario, acercarse lo más que se pueda a ellos.
g) Banda de operación y tipo de interferencia (ruido o usuario).
h) De ser posible, dibujar perfiles topográficos entre los puntos de intersección para determinar reflexión, entre otros fenómenos.

i) Verifique la potencia o sensibilidad para que se tenga la idea de que tan lejos puede estar la emisión interferente.
j) De ser posible cambie de antena para mejor búsqueda y conforme a la banda.

Podrá haber más puntos que pueden contemplarse, pero reiteramos que estos quedan a discrecionalidad de las personas que están realizando la búsqueda, sin embargo hoy en día la tecnología ha facilitado mucho el procedimiento, con GPS y satélites especializados, pero a pesar de ello, aún se realiza esta práctica por lo que llamamos zona de sombra de la pisada satelital o no se cuenta con ese recurso.

Algo similar se realiza con el programa llamado SETI (Search for ExtraTerrestrial Intelligence), que busca señales en el espacio de vida inteligente, simplemente a través de las antenas parabólicas se establece una dirección en la bóveda celeste.

A continuación simularemos un ejemplo de cómo procede el uso de la radiogoniometría para la localización de un usuario no deseado dentro de la banda de VHF:

Se emite una queja ante la COFETEL (Comisión Federal de Telecomunicaciones), donde se presume que "un clandestino" está haciendo uso indebido y no autorizado de la frecuencia

159.325 MHz, y uno de sus armónicos infiere en el control remoto de una electroválvula de gas intercontinental, por el giro de la conversación se cree que se haya cerca de la ciudad de San Rafael, Ver., México.

Lo primero que necesitamos es establecer el padrón de usuarios establecidos en esa frecuencia o cercanas a esta, la lista de usuarios se puede obtener a través de la SCT (Secretaria de Comunicaciones y Transportes) o la COFETEL, salvo que este protegida.

Posteriormente se obtendrá un mapa del lugar (Ilustración 33) y por las características de propagación de la OEM (onda directa con mínima posibilidad de reflexión debida a que la sierra madre oriental dista de algunos kilómetros y una posible reflexión disminuida), y topografía del terreno, se eligen los primeros lugares estratégicos de marcación:

Nautla, Ver., 20°12′24" latitud norte y 96°46′23" longitud oeste y 9 msnm.

Puntilla Aldama, Ver., *96.908611 longitud oeste, 20.190278 latitud norte y 20 msnm.*

El Raudal, Ver., 20.15639 latitud norte, 96.7175 longitud oeste y 7 msnm.

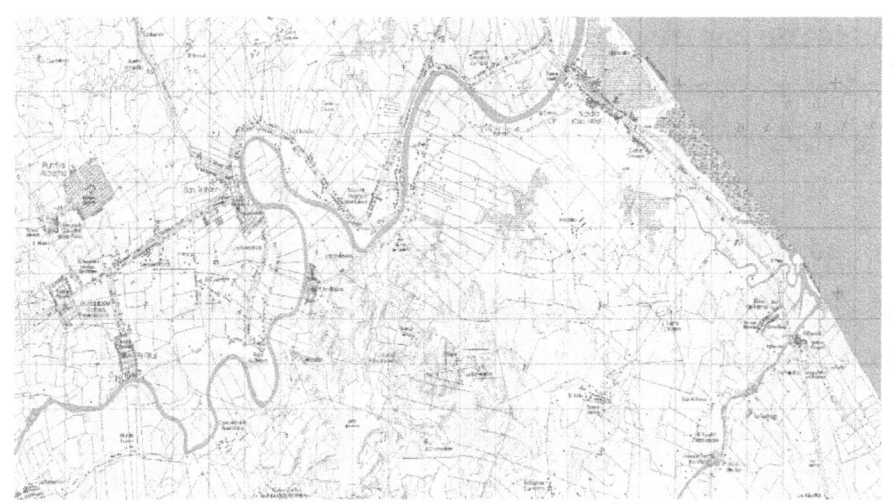

Ilustración 33. Mapa topográfico del Municipio de San Rafael, Ver. (INEGI)

Una vez con mapa en mano se procede ir a cada lugar seleccionado y realizar los direccionamientos de la señal por azimut y obtener las primeras intersecciones y por consiguiente nuestro primer triangulo, como se muestra en la ilustración 34, para lo cual también se realizó la tabla 5 de apoyo para tal fin.

Tabla 5. Datos relevantes en el procedimiento de radiogoniometría (fuente propia).

Población seleccionada para realizar las mediciones.	Nautla, Ver., México	Puntilla Aldama, Ver., México	El Raudal, Ver., México
Latitud Norte	20°12'24"	20.190278	20.15639
Longitud Oeste	96°46'23"	96.908611	96.7175
Altura sobre el nivel del mar (metros)	9	20	7
Frecuencia Mhz	159.325	159.325	159.325
Intensidad de la señal dB_m	-75	-65	-80
Azimut (°)	210	135	275
Obstrucciones predominantes (Cerros, edificios, arboles), para verificar difracción, Fresnel y fenómenos adjuntos.	Ninguno, la mayor parte son plantíos de plátano y cítricos.	Existe una alteración geográfica, consta de una familia de cerros de unos 20 metros aproximadamente, algunos de ellos son pirámides en cubierto de la cultura Totonaca	Ninguno, la mayor parte son plantíos de plátano y cítricos.
Cuerpos de agua (ríos, lagos, lagunas, mar), para verificar reflexión y fenómenos adjuntos.	Río y esteros	Río y esteros	Río y esteros
Observaciones adicionales.	Clima, temperatura, entre otros.	Clima, temperatura, entre otros.	Clima, temperatura, entre otros.

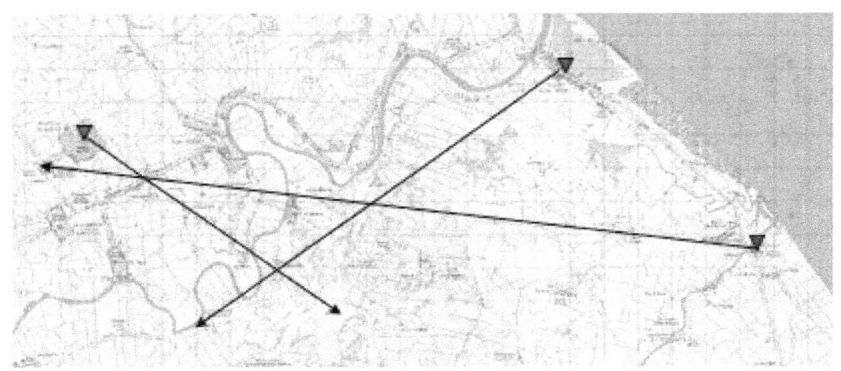

Ilustración 34. Marcaciones y trazos de los lugares preseleccionados. (Mapa INEGI, trazos: fuente propia).

Como se puede observar nos dio una primera imagen área en la cual en su interior debe estar el emplazamiento interferente, si el área es muy grande, se vuelve a realizar el procedimiento en los puntos de intersección de ser posible, ya que si es inaccesible por un barranco, rio u otra consustancia, deberemos acércanos al punto lo más posible, Ilustración 35.

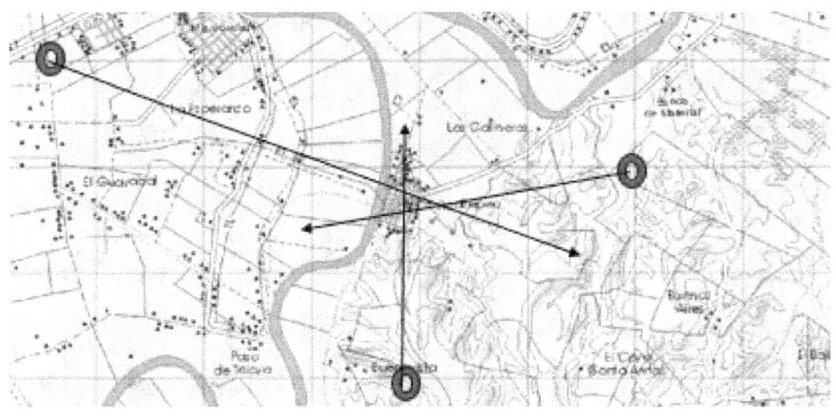

Ilustración 35. Segundo cálculo del triángulo. (Mapa INEGI, trazos: fuente propia).

Como vemos la fuente emisora interferente (ilustración 36), proviene de la población de Jicaltepec, Ver., municipio de Nautla, ver., una vez descubierta la población o un área pequeña se puede llevar a cabo recorridos a pie o vehículo para ultimar la localización.

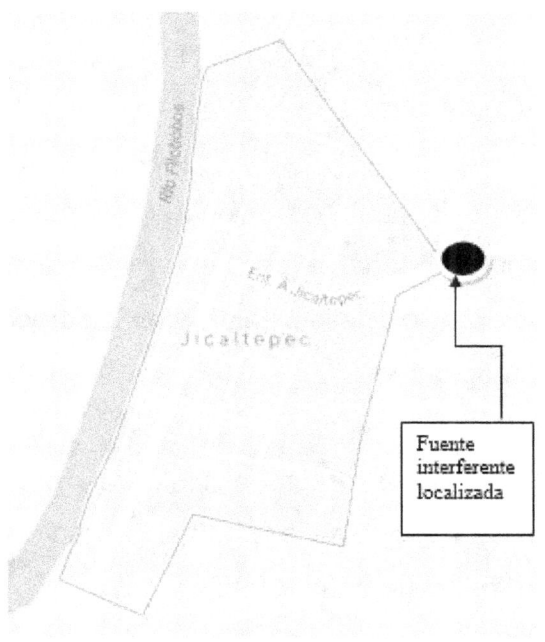

Ilustración 36. Localización de la fuente interferente. (Google maps, trazos: fuente propia).

Capítulo VII. Electromagnetismo para la motricidad.

El objetivo de este capítulo no es hacer un tratado, en cuanto a transformadores, motores y generadores se refiere, recordemos que la directriz principal es establecer la correlación del electromagnetismo entre los fenómenos de propagación y motricidad.

Para ello y lo de lo cual nos avocaremos por ser un tema discrecionalmente importante para el autor es el fenómeno de histéresis, pero previo a ello hablaremos un poco acerca del dominio micromagnético.

A través de un breve resumen histórico y guardando la estructura concatenada lo mejor posible los hechos sucedieron se la siguiente forma (Maicas, 1996):

- La existencia de una estructura de dominios en un material ferromagnético fue sugerida por primera vez por P. Weiss en 1907, sugiriendo que la imanación en un material ferromagnético se organizaba en pequeñas regiones (dominios magnéticos) en las que la imanación se orientaba en una dirección única.

- Este concepto de "dominio magnético", tuvo su primera evidencia experimental en 1919 por Barkhausen. Su experimento consistió en amplificar el voltaje inducido en un secundario bobinado en torno a una muestra ferromagnética durante el proceso de imanación de dicha muestra.

- Los experimentos llevados a cabo por Sixtus y Touks en 1931 sobre dominios en hilos de permaloy (Comunmente conocido como alambre magneto "sensible a la magnetización y con barniz de recubrimiento"), mostraban claramente el cambio de orientación de la imanación por el desplazamiento de dicha frontera de dominio pudiendo, incluso, medir su velocidad de desplazamiento.

- La existencia de los "dominios magnéticos" se obtuvo a partir de las observaciones de Bitter en 1931. Bitter utilizó un polvo magnético muy fino suspendido en un líquido portador extendido sobre la superficie del material a observar. Este polvo se acumulaba en aquellas regiones del material en donde el gradiente del campo magnético era mayor. Dado que las fronteras entre dominios son las zonas en donde el gradiente del campo es máximo, la acumulación de partículas en dichas fronteras daba lugar a unas imágenes en las que podían observase perfectamente los contornos de los dominios, Ilustración 37.

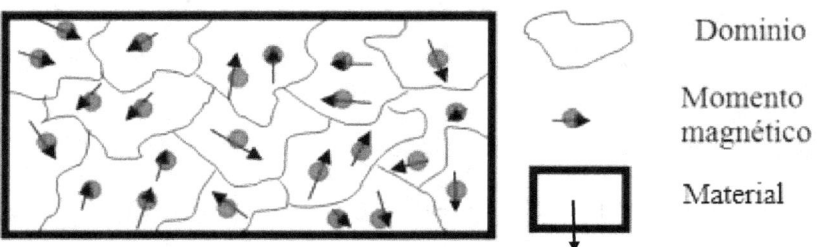

Ilustración 37. Representación de los dominios y momentos magnéticos (fuente propia).

La teoría del dominio magnético fue desarrollada por el físico francés Pierre-Ernest Weiss, sugirió que un gran número de momentos magnéticos atómicos estaban alineados en paralelo. La dirección de alineación varía de dominio a dominio de una manera más o menos aleatoria aunque cierto eje cristalográfico puede ser preferido por los momentos magnéticos, llamado ejes fáciles. Weiss todavía tenía que explicar el motivo de la alineación espontánea de los momentos atómicos dentro de un material ferromagnético, y se le ocurrió el llamado campo medio Weiss: se supone que un momento magnético en un material determinado experimenta un campo magnético muy alto eficaz debido a la magnetización de sus vecinos; estos dominios magnéticos permiten explicar por qué el hierro no es espontáneamente ferromagnético (Maicas, 1996).

Toda esta Teoría fue probada por Barkhausen en 1919, quien por medio de amplificadores electrónicos, escuchó los "clics" cuando un campo externo obliga a los dominios de Weiss a alinearse. Este es un comportamiento irreversible que explica el fenómeno de histéresis.

La razón que una pieza de material magnético, tal como hierro, divide espontáneamente en dominios separados, en lugar de existir en un estado con la magnetización en la misma dirección a través del material, es para minimizar su energía interna. Una gran región de material ferromagnético con una magnetización constante a lo largo creará un gran campo magnético que se extiende en el espacio fuera de sí mismo. Esto requiere una gran cantidad de energía magnetostática almacenada en el campo. Para reducir esta energía, la muestra se puede dividir en dos dominios con la magnetización en direcciones opuestas en cada dominio. Las líneas de campo magnético pasan en bucles en direcciones opuestas a través de cada dominio, la reducción del campo fuera el material. Para reducir la energía del campo aún más, cada uno de estos dominios puede dividir también, lo que resulta en dominios más pequeños paralelos con magnetización en direcciones alternas, con cantidades más pequeñas de campo fuera el material (Cheng, 2014).

El tamaño de los dominios está también condicionado por la necesidad de hacer mínima la energía libre del material, a dicha energía contribuyen las energías de cambio, tanto la del dominio como la de la pared, y la energía magnetostática.

No obstante, existen unos fenómenos adicionales que contribuyen a la energía total y que resulta determinante en el tamaño final de los dominios (Cheng, 2014):

- La magnetostricción (fenómeno por el cual, cuando se magnetiza un material ferromagnético, sus dimensiones cambian debido a las fuerzas magnéticas de atracción y repulsión interatómicas).

- La anisotropía magnética (que tiene una dirección "fácil" de magnetización, paralela a uno de los ejes del cristal, el cambio de la magnetización del material a cualquier otra dirección necesita energía adicional, llamada la "energía de anisotropía magnetocristalina").

- La anisotropía magnetoelástico (el cambio de la dirección de la magnetización induce pequeñas tensiones mecánicas en el material, lo que requiere más energía para crear el dominio).

Para hablar de histéresis, primero imagínese en un metro, cualquiera del mundo, la norma dice que antes de entrar deje salir, pero que ocurriría si en un ejercicio en un vagón del transporte colectivo hiciéramos que un grupo de personas les pidiéramos salir y algunas cuantas fuera del vagón opusieran resistencia (ilustración 38), obviamente las de adentro lograrían salir, y de repente las mismas personas que salieron les pedimos que entren y las que ofrecieron resistencia a la salida, se les pide que no las dejen entrar; algo similar ocurre con la magnetización en los materiales magnéticos y diamagnéticos, debido a la interacción del campo eléctrico y magnético en un metal, todos los cristales se orientan conforme a las leyes establecidas por el flujo de la corriente, para luego cuando cambia la polaridad, la inercia y fuerzas magnéticas ya preorientadas tienen que redireccionar toda su estructura electromagnética, es decir, imagínese que va conduciendo un vehículo a 60 Km por hora y en un tiempo cualquiera pusiera reversa, que ocurre; pues ante la presencia distinta de energía dinámica, el sistema sufre un asechamiento, derivando en el derrapamiento de llantas, un instante de inmovilidad, para luego cambiar la dirección; pues bien eso es lo que es histéresis.

Ilustración 38. Imagen burda alusiva a un ejemplo de histéresis.
https://capitalinoerrante.com/orangutanes-andantes-en-el-metro/

Sintetizando lo anteriormente expuesto, determinamos que un material ferromagnético cuando se magnetiza en una dirección, este no regresa de nuevo a magnetización nula cuando cesa el campo magnético excitador. Para ser redireccionado en un sentido contrario, la magnetización deberá ser opuesta, por lo que ante un campo magnético alterno, su magnetización trazará un ciclo denominado "ciclo de histéresis" (Sadiku, 2006).

Una vez que los dominios magnéticos se reorientan, se necesita un poco de energía para volverlo de nuevo hacia atrás, esta energía que se requiere inyectar al sistema sustituye a aquella que se perdió en el proceso en forma de calor, por lo que se considera deseable que los materiales de los generadores, transformadores y motores, registren una espiga de histéresis, a fin de minimizar perdidas, es decir menos área circunscrita dentro del ciclo y saber que el material no volverá a pasar por cero (Ilustración 39), ya que el proceso en cierta forma adulteró la primitividad del elemento (Sadiku, 2006).

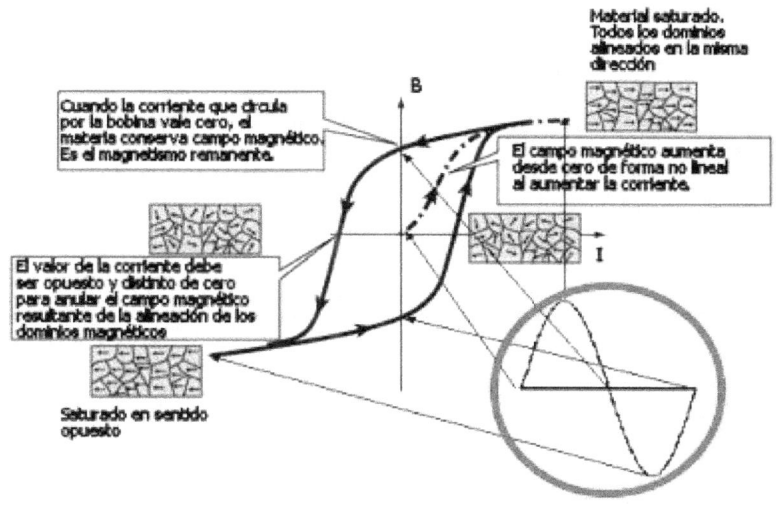

Ilustración 39. Ciclo de histéresis.
http://www.etitudela.com/Electrotecnia/images/histeresises.gif

A partir de este punto empezaremos a transponer la teoría de dominios magnéticos (histéresis), con la teoría de radiación de una antena. Primero, si observamos la Ilustración 39, donde se describe brevemente el ciclo de histéresis y ponemos especial cuidados en el círculo rojo vemos que describe una senoide donde el material empieza de cero (estado virgen), hasta la excitación del mismo, y comparando con lo que ocurre el desprendimiento de una onda electromagnética a partir de un elemento radiador (Ilustraciones 40 y 41), la gran similitud nos invita a la reflexión del fenómeno electromagnético

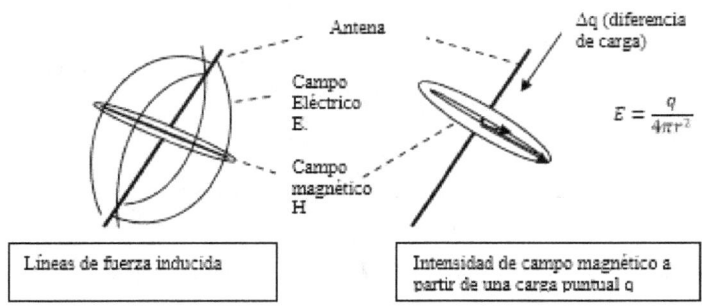

Ilustración 40. Radiación a través de un conductor (fuente propia).

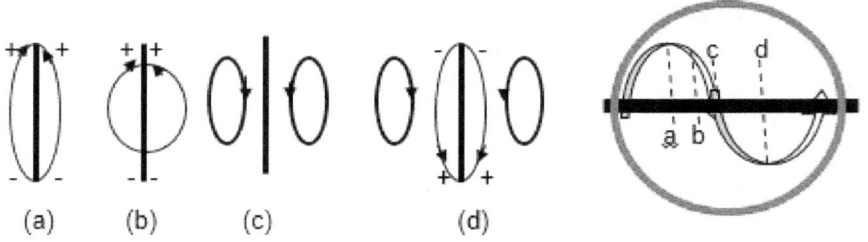

Ilustración 41. Fases diferentes en un conductor polarizado (fuente propia).

Como observamos en la Ilustración 41, solo se contempla el campo eléctrico inducido en la antena, debido a la variación de la polaridad en los cambios de voltaje en la señal, las cargas que produce el campo eléctrico están en constante movimiento de un extremo a otro, mientras que un extremo de la antena puede ser positivo en un tiempo inmediato pasa a ser negativo, pero antes de ello carece de carga e inmediatamente después ocurre el proceso contrario y así sucesivamente.

En el instante en que la polaridad se equilibra, las líneas de flujo tienden a desaparecer; sin embargo, parte de ese flujo fue repelido por otras líneas cercanas a la antena, las cuales se convierten en campos cerrados y a partir de ahí inicia lo que es propiamente la propagación de la onda electromagnética recordado la asociaciones existentes entre los campos eléctricos y magnéticos.

El resultado de la excitación referida a la antena, podemos sintetizarla al igual que en el fenómeno de histéresis en una gráfica de tipo senoidal, mostrada en la ilustración 41 encerrada en un círculo rojo.

Pareciera que es producto de una coincidencia; sin embargo, no lo es, sobre todo sabiendo que la histéresis es un fenómeno que se manifiesta en materiales magnéticos, en tanto que en una antena los principales materiales para su construcción son diamagnéticos o paramagnéticos, y recordando que entre más magnético es un metal, más pobre es en la conducción de electrones y viceversa, por lo que podemos asumir que no existen materiales ideales y que existe la reminiscencia de ambos fenómenos en mayor o menor grado.

Pero puede existir una explicación que converja y satisfaga a ambos aspectos "histéresis y radiación electromagnética", se le conoce como las paredes de Bloch (Ilustración 42), y trata de un volumen estrecho de transición entre dos dominios magnéticos. En esa transición, los dipolos (recordando que una de las estructuras básica en las antenas vistas es el dipolo de media onda), giran desde la orientación inicial en un dominio hasta la orientación del dominio situado del otro lado de la pared (zona de transición) o hasta la orientación impuesta por un campo externo, en su caso los dominios, al igual que los granos de un material metálico, están separados por un borde o pared del dominio, conocidas como paredes de Bloch, la pared es siempre una zona de mayor energía interna que el interior del dominio.

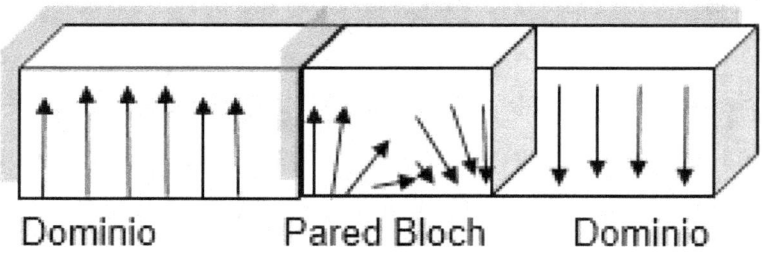

Ilustración 42. Dirección de los momentos magnéticos en la pared de Bloch (fuente propia).

Sin embargo en las maquinas eléctricas (transformadores, motores y generadores) lo que asociamos es el direccionamiento de los campos magnéticos, Ilustración 42, en tanto que si nos apoyamos en esta última para sistemas de antenas, estaríamos hablando del direccionamiento de los campos eléctricos.

Como podrá intuir el lector, el principio de sostenibilidad de los fenómenos es parecido, pero diametralmente opuesto a sus propiedades, donde para materiales magnéticos la directriz asociada es con campos magnéticos, en tanto que para elementos conductibles de la electricidad la asociación es con campos eléctricos.

Esto es solo la punta de una gran madeja de hilo, pero la pertinencia de su estudio bien amerita un nuevo espacio, en tanto podemos dejar hasta aquí lo observado, con intensiones reflexivas de que la ciencia no es tan compleja solo se tiene que desarrollar la intuición, observación, asociación y ponerse a trabajar en la simplicidad.

Anexo A. Análisis armónico.

La transformada de Laplace es una forma de representar una función periódica del tiempo mediante las amplitudes de muchos componentes de frecuencias que la forman; en general hay frecuencias complejas que son continuas en su velocidad angular.

Las señales de comportamiento senoidal se analizan bajo un esquema matemático, y formulismo derivados de su análisis existen diversas fórmulas para su interpretación.

Las señales pueden ser medidas u observadas básicamente con dos equipos de medición: el osciloscopio, el cual permite o despliega una representación de una amplitud contra el tiempo de señal de entrada; el otro equipo es el analizador de espectro, dicho instrumento permite ver las señales en función de la frecuencia.

Esencialmente cualquier forma de onda repetitiva que consiste de más de una onda seno o coseno es una onda no senoidal u onda periódica compleja; para analizar este tipo de ondas es necesario utilizar las series de Fourier.

Las series de Fourier se utilizan en el análisis de señales para representar los componentes de una onda periódica no senoidal, una serie de Fourier puede escribirse para cualquier función periódica como una serie de términos que incluyen funciones trigonométricas con la siguiente expresión matemática:

$F(t) = A_o + A_1 \cos \alpha + A_2 \cos 2\alpha + A_3 \cos 3\alpha + A_n \cos n\alpha + B_1 \sen \beta + B_2 \sen 2\beta + B_3 \sen 3\beta + B_n \sen n\beta$

La expresión matemática anterior expresa una onda periódica que consiste de una componente promedio y una serie de armónicas seno y coseno relacionadas; una armónica es un múltiplo de la frecuencia fundamental, donde ésta se le considera como la primera armónica y es igual a la frecuencia de la forma de onda; por lo tanto la ecuación anterior puede escribirse como sigue:

$F(t) = CD + fundamental + 2°$ armónica $+ 3°$ armónica $+ n$ armónica

$CD = A_o =$ Valor Promedio
$A_1 \cos \alpha =$ fundamental

Todo lo anterior, nos lleva al estudio del análisis armónico, la cual las señales no periódicas originadas pueden generar patrones, codificación de señales, encriptamientos o envíos de tramas, todo ello gracias a las posibles reinterpretaciones de las señales modificadas para determinado fin; es necesario considerarse la magnitud y las fases adecuadas.

En teoría habría que sumar un número infinito de armónicas para obtener el resultado ideal, pero en la práctica basta a veces con 10 cálculos de armónica para tener una aproximación o idea de la forma que guarda la señal no periódica.

Ejemplo:

Dada la fórmula general de Fourier para una señal periódica cuadrada regular, así como sus respectivos coeficientes, determínese y tabule el espectro de frecuencias, para un número de 9 armónicos impares, con un voltaje de 15 volts y un periodo de 0.0025 segundos.

Formula general de la serie de Fourier:

$$f(t) = a0 + a1\cos wt + a2\cos 2wt + ... + b1 \text{ sen } wt + b2 \text{ sen } 2wt + ...$$

Coeficientes para esta señal:

an = 0,   Vn = 4v / n¶   para n impar
por tanto, f(t) = V0 + 4v / n¶ (sen wt + 1/3 sen 3w t +...)

f = 1 / T (periodo)
 = 1 / 0.0025
 = 400 Hz

Amplitud de Armónicos en Frecuencia

#	n	frecuencia	fórmula	voltaje
1	1	400	Vn = 4v / n¶	v1 = 4*15 / 1¶ = 19.09
2	3	1200	Vn = 4v / n¶	v3 = 4*15 / 3¶ = 6.36
3	5	2000	Vn = 4v / n¶	v5 = 4*15 / 5¶ = 3.81
4	7	2800	Vn = 4v / n¶	v7 = 4*15 / 7¶ = 2.72
5	9	3600	Vn = 4v / n¶	v9 = 4*15 / 9¶ = 2.12
6	11	4400	Vn = 4v / n¶	v11 = 4*15 / 11¶ = 1.73
7	13	5200	Vn = 4v / n¶	v13 = 4*15 / 13¶ = 1.46
8	15	6000	Vn = 4v / n¶	v15 = 4*15 / 15¶ = 1.27
9	17	6800	Vn = 4v / n¶	v17 = 4*15 / 17¶ = 1.12

Tiempo	Fórmula	A1	A3	A5	A7	A9	A11	A13	A15	A17	SUMA
1.25×10^{-4}	VA(sen2¶ft)	5.901	5.150	3.81	2.200	0.655	-0.534	-1.181	-1.27	-0.906	13.825
2.5×10^{-4}	VA(sen2¶ft)	11.225	6.054	0	-2.586	-1.246	1.016	1.388	0	-1.065	14.786
3.75×10^{-4}	VA(sen2¶ft)	15.450	1.967	-3.81	0.840	1.715	-1.399	-0.451	1.27	-0.346	15.236
5×10^{-4}	VA(sen2¶ft)	18.163	-3.741	0	1.598	-2.016	1.645	-0.858	0	0.658	15.449
6.25×10^{-4}	VA(sen2¶ft)	19.098	-6.366	3.81	-2.72	2.12	-1.73	1.46	-1.27	1.12	15.522
7.5×10^{-4}	VA(sen2¶ft)	18.163	-3.741	0	1.598	-2.016	1.645	-0.858	0	0.658	15.449
8.75×10^{-4}	VA(sen2¶ft)	15.450	1.967	-3.81	0.840	1.715	-1.399	-0.451	1.27	-0.346	15.236
1×10^{-3}	VA(sen2¶ft)	11.225	6.054	0	-2.586	-1.246	1.016	1.388	0	-1.065	14.786
1.125×10^{-3}	VA(sen2¶ft)	5.901	5.150	3.81	2.200	0.655	-0.534	-1.181	-1.27	-0.906	13.825
1.25×10^{-3}	VA(sen2¶ft)	0	0	0	0	0	0	0	0	0	0
1.375×10^{-3}	VA(sen2¶ft)	-5.901	-5.150	-3.81	-2.200	-0.655	0.534	1.181	1.27	0.906	-13.825
1.5×10^{-3}	VA(sen2¶ft)	-11.225	-6.054	0	2.586	1.246	-1.016	-1.388	0	1.065	-14.786
1.625×10^{-3}	VA(sen2¶ft)	-15.450	-1.967	3.81	-0.840	-1.715	1.399	0.451	-1.27	0.346	-15.236
1.75×10^{-3}	VA(sen2¶ft)	-18.163	3.741	0	-1.598	2.016	-1.645	0.858	0	-0.658	-15.449
1.875×10^{-3}	VA(sen2¶ft)	-19.098	6.366	-3.81	2.72	-2.12	1.73	-1.46	1.27	-1.12	-15.522
2.125×10^{-3}	VA(sen2¶ft)	-18.163	-1.967	3.81	-0.840	-1.715	1.399	0.451	-1.27	0.346	-15.236
2.25×10^{-3}	VA(sen2¶ft)	-15.450	-6.054	0	2.586	1.246	-1.96	-1.388	0	1.065	-14.786
2.375×10^{-3}	VA(sen2¶ft)	-11.225	-5.150	-3.81	-2.200	-0.655	0.534	1.181	1.27	0.906	-13.825
2.5×10^{-3}	VA(sen2¶ft)	0	0	0	0	0	0	0	0	0	0
0.0025	VA(sen2¶ft)	0	0	0	0	0	0	0	0	0	0

Anexo B. Fórmulas adicionales para conversión a decibeles.

TABLA DE CONVERSIÓN DE UNIDADES PARA INTENSIDADES DE CAMPO (fuente propia).

	1µV	10µV		100µV		1mV		10mV		100mV	Con 50 Ω
-10	0	10	20	30	40	50	60	70	80	90	100	dB (µV)
-15				0			15					dB
	-107	-97	-87	-77	-67	-57	-47	-37	-27	-17	-7	dBm

FÓRMULAS DE CONVERSIÓN DE UNIDADES

dBµe=dBµV (fem)   dBµe=dBm+113   dBmV=dBm+47   dBm=10 log(mW)   dBµV=dBm+107

dB europeo=dBm+60   dB=57-20 log (IRE/0.14) $\mu V = 10^{(dB\mu V/20)}$ dB=0.375(dBµV-30)

Anexo C. Parámetros de una línea de transmisión.

σ = conductividad (siemmens / m)

μ = permeabilidad (H / m)

c = velocidad de la luz

ε = permitividad (F / m)

λ = longitud de onda

FORMULAS PARA CALCULAR Zo EN LTX COAXIAL Y DE 2 HILOS

   a) Línea Coaxial Simple

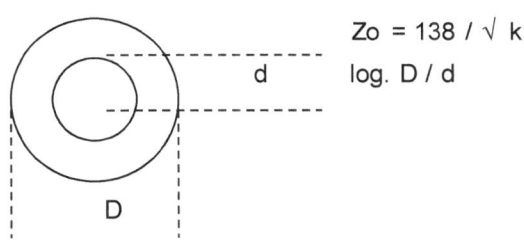

$$Zo = 138 / \sqrt{k} \log. D/d$$

K = constante dieléctrica del material que separa las dos líneas concéntricas

                         Para aire K = 1 y

                         Polietileno K = 2.3

   b) 2 Hilos

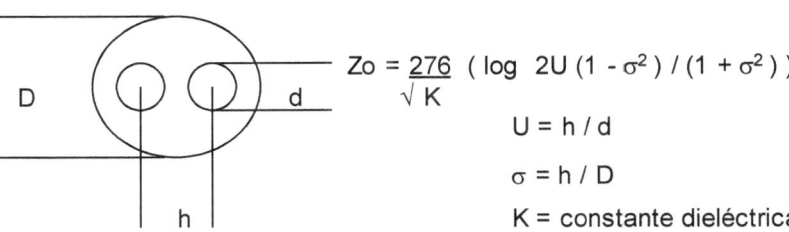

$$Zo = \frac{276}{\sqrt{K}} (\log 2U (1 - \sigma^2) / (1 + \sigma^2))$$

$U = h / d$

$\sigma = h / D$

K = constante dieléctrica

Bibliografía

Barandiarán, J. M. (25 de Marzo de 2003). *El Magnetismo en la Vida Cotidiana*. Obtenido de http://magnes.we.lc.ehu.es/barandiaran/Barandiaran_-_El_magnetismo_en_la_vida_cotidiana_-_RSBAP_2003.pdf

BESADA, S. M. (14 de junio de 2017). *Universidad politecnica de Madrid, Open Course Ware*. (S. y.-S. Departamento de Señales, Editor, & E. T. (ETSIT-UPM)., Productor) Obtenido de http://ocw.upm.es/teoria-de-la-senal-y-comunicaciones-1/radiacion-y-propagacion/contenidos/apuntes/tema3_2004.pdf

Blas, T. M. (3 de Febrero de 2016). *Curso de Física Básica*. Obtenido de http://acer.forestales.upm.es/basicas/udfisica/asignaturas/fisica/magnet/ampere.html

Carmen, B. (Dirección). (2009). *Pyramid code* [Película].

Castaño, A. R. (2008). *Física III: Campo Magnético*. Obtenido de http://ing.unne.edu.ar/pub/fisica3/170308/teo/teo4.pdf

Cheng, D. K. (2014). *Fundamentos de electromagnetismo para la ingeniería*. Prentice Hall.

Dawes, C. L. (1981). *Electricidad Industrial*. México: Reverté.

Desconocido. (3 de Febrero de 2016). *Propiedades Magneticas de la Materia*. Obtenido de http://www2.ulpgc.es/hege/almacen/download/10/10231/EUI_leccion7.pdf

Esteban, M. (3 de Febrero de 2016). *La brujula al espín. El magnetismo*. Obtenido de http://bibliotecadigital.ilce.edu.mx/sites/ciencia/volumen2/ciencia3/056/htm/brujula.htm

Jaramillo, J. A. (2004). *Física.* España: MAD.

Maicas, R. C. (1996). *Métodos numéricos aplicados al estudio de paredes de dominios en materiales ferromagnéticos.* Recuperado el 20 de 7 de 2017, de http://biblioteca.ucm.es/tesis/19911996/X/1/X1012501.pdf

Marquina, M. (2006). *Conocimientos Fundamentales de Física.* México: Pearson.

Martina, J. T. (1997). DE LA BRÚJULA AL ESPÍN. EL MAGNETISMO. *DE LA BRÚJULA AL ESPÍN. EL MAGNETISMO, 1997*(Segunda). D.F., México: FONDO DE CULTURA ECONÓMICA. Recuperado el Mayo de 2017, de http://bibliotecadigital.ilce.edu.mx/sites/ciencia/volumen2/ciencia3/056/htm/brujula.htm

Máximo, A. (2012). *Física General.* México: Oxford .
Pilas Voltaicas. (s.f.). Obtenido de https://docs.google.com/document/d/1Fh9sAEPktxUFiS5Vn OWg1HL1IELLUzGRVI3pdgJoGmg/edit?hl=es
Pintos, M., & Ruso, J. M. (2008). *Introducción al electromagnetismo.* Santiago de Compostela: Universidad de Santiago Compostela .

Real Academia de la lengua Española . (26 de enero de 2010). *RACEFN Glosario de Geología.* Recuperado el 20 de mayo de 2017, de Real acádemia de Ciencias Exactas, Físcias y Naturales: http://www.ugr.es/~agcasco/personal/rac_geologia/rac.htm

Sadiku, M. N. (2006). *Elementos de electromagnetimo.* México: Alfaomega.

Tagüena, J., & Martina, E. (s.f.). *De la brújula al espín. El magnétismo.* Obtenido de Biblioteca digital ILCE: http://bibliotecadigital.ilce.edu.mx/sites/ciencia/volumen2/ciencia3/056/htm/sec_3.htm

Todo libro antiguo. (2013). Obtenido de http://www.todolibroantiguo.es/libros-raros/de-rerum-natura.html